環境規制と企業行動

永里賢治［著］

文眞堂

目　次

第Ⅱ部
化学物質規制に対する企業のリスクマネジメントと意思決定

第Ⅲ部
これからの化学物質規制と企業の戦略的行動

序章

1. はじめに

本研究では環境規制，特に化学物質規制に対する企業行動について，意思決定や製品マネジメントという視点から，実例をもとに分析及び考察を行った。

本研究における対象領域は環境規制に対する企業の自社製品（化学物質）の製品マネジメントであり，これから世界各国で複雑化していく環境規制（化学物質規制）に対する企業行動のあり方について提案を行うものである。

2. 本研究の背景

近年，環境ホルモンやダイオキシンなどの化学物質の問題がクローズアップされ，企業は自社製品における「(安全）リスク管理」の重要性を認識するようになってきた。また環境規制（化学物質規制）についても，欧州を中心に大きく変容してきている。これまではハザード（毒性）ベースの管理であったものから，リスク（毒性×環境中への排出量）ベースの管理へと移行している。2011年に行われた日本の化学審査規制法における改正でも，ハザードベースの管理からリスクベースの管理への移行が行われている。

化学物質管理においては2002年にヨハネルブルグサミット（WSSD）で定められた実施計画において，「2020年までに化学物質の製造と使用による人の影響と環境への悪影響の最小化を目指す」という目標が掲げられており，世界各国で化学物質管理政策の見直しが行われている。例えば欧州の新しい化学物質管理政策であるREACH規則では，ステークホルダーの意見を取り入れながら政策決定を行うプロセスを採用したり，サプライチェーンにおいても規制を課すなど，その内容はこれまでの環境規制とは大きく変容したものとなっている。またREACH規則は「予防原則」といった概念を初めて化学物質管理政策に取り入れたユニークなものである。

産業界からはこの指針に織り込まれた予防原則の運用に対して懸念を表明している。すなわち「予防原則は科学に根拠を置くリスクマネジメントの1つであり，適用にあたっては恣意的な裁量余地が極力少なくなるようにすべき」(OECD:BIACの表明）と述べ，予防原則自体は否定しないものの，実際の運用局面で企業活動の障害となると警告を発している。

次に化学物質管理の変化をもたらせた社会経済的要因を図1に示す。社会や経済の急激な変化に伴い，人々は持続可能な社会や経済を志向するようになってきた。その中で企業に対する期待や要望も高まってきた。化学物質を製造する企業のみならず，その化学物質を使用して材料を作るメーカーや最

図1　化学物質管理の変化をもたらせた社会経済的要因[1)]

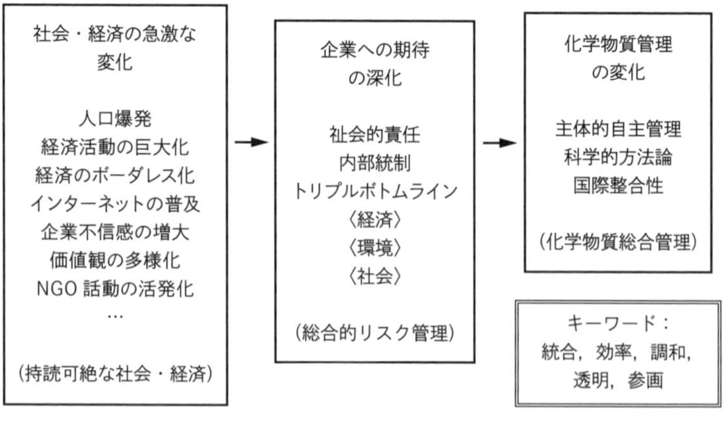

社会・経済の急激な変化

人口爆発
経済活動の巨大化
経済のボーダレス化
インターネットの普及
企業不信感の増大
価値観の多様化
NGO 話動の活発化
…

(持読可絶な社会・経済)

→

企業への期待の深化

社会的責任
内部統制
トリプルボトムライン
〈経済〉
〈環境〉
〈社会〉

(総合的リスク管理)

→

化学物質管理の変化

主体的自主管理
科学的方法論
国際整合性

(化学物質総合管理)

キーワード：
統合，効率，調和，
透明，参画

終製品を作るメーカーまでもが，化学物質管理に大きく関わりを持たなければ，製造責任を含め，社会に許容されなくなってきたと言えよう。

またそのような社会の要請に基づき，化学物質管理の手法にも変化が見られるようになった。すなわち企業の自主管理を法的な拘束力によって促したり，科学的な方法論について定期的に再検討を行うなど，科学技術の発展と共に化学物質管理も見直しが行われているのである。また化学製品の国際的な販売や購入を考えた場合，各国の法制度についてもある程度は国際整合性が必要であると考えられる。

3.　本研究の目的

前節で述べた背景をもとに，本研究では新しい化学物質規制に対する企業行動，具体的には企業の意思決定について，実例をもとに分析及び考察を行ってみたい。すなわち「企業における自社製品（化学物質）のマネジメントについて事例をもとに考察し，企業の意思決定やリスクマネジメントに関して理論化や体系化を試みる」ことを目的とする。またこれからますます複雑化していく化学物質規制に対して，企業行動はどうあるべきかについても考えてみたい。

4.　本研究の構成

序章では本研究の目的と背景を説明した上で，本書で扱う基本的な用語について定義を行った。

第１章「化学物質規制の潮流」では，化学物質規制の歴史を振り返りながら，環境規制に産業政策を融合した欧州 REACH 規則の取り組みや「予防原則」といった新しい概念を規制に適用することの効果について，実例をもとに分析・考察を行っている。

第２章「予防原則を用いた化学物質規制」では，新しい概念である予防原則が環境規制に導入されることに関して，その意義や効果について実例をもとに考察を行っている。

第３章「化学物質規制と企業のリスクマネジメント」では，企業が規制内容を予測したり，規制化された場合の市場に与える影響を考えることによって，リスクマネジメントを行った事例について紹介する。環境経営といった企業ポリシーも重要な役割を果たしていることが分かった。

第４章「企業における化学物質マネジメントと意思決定」では，これまでの事例を踏まえて，企業が化学物質マネジメントをどのように行い，また具体的に意思決定をどのような手順で行えば良いかについて，意思決定手法に関する提案を行った。

第５章「これからの化学物質規制」では化学物質規制のあるべき姿について，プロジェクト＆プログラムマネジメント（P2M）の視点で考察した。その結果，日本と米国の化学物質規制は科学的な議論に基づき政策判断を実施しているが全体的な視点が欠けており，REACH 規則においては環境政策に産業政策を導入することで，政策の差別化を図っていることが分かった。

第６章「企業の戦略的行動」では，企業は環境規制に対してこれまでの受動的な姿勢でなく，プロアクティブな姿勢で臨むべきであるということを事例によって示した。そのためには，関係する規制当局や利害関係者に対するマネジメントを行う必要があり，企業はそれを行うための経営資源（人，もの，金，情報）を投入すべきであることを主張した。

以上をまとめて終章では，本研究で明らかになった内容と今後の課題について述べる。

5. 基本用語の定義

①化学物質管理

まず初めに化学物質管理について述べる。「化学物質管理」は言葉としては広義な意味を持っており，表1にその基本原則を示す。本書では，化学物質管理を「企業における化学物質のマネジメント」と定義する。

表1　化学物質管理の基本原則

1. 実態に即した管理（リスク原則）
   ハザードのみならず暴露も加味したリスクの評価を基礎とする管理
2. 科学的方法論による評価と管理
   科学的知見と論理的思考に依頼した評価と管理
3. 国際調和の尊重
   国際的に調和の取れた方法論や制度の尊重
4. 当事者の主低的管理の重視
   暴露の個別実態に即した自主管理の重視
5. 情報の共有
   リスクの評価や管理に必要なハザード情報や暴露情報の共有
6. 知的基盤の整備
   科学的知見の充実と集大成・体系化
7. 人材の育成と教育の充実

また本研究のタイトルで使用されているリスクマネジメントという単語は，一般的に広義な意味で用いられている。ここでは本研究で使用する「リスク」や「リスクマネジメント」の言葉の定義を述べる。

②リスク

リスクという単語は色々な定義がされているが，JISQ2001及びCOSO ERMにおける定義を表2に示す。

表 2　リスクの定義

リスクの定義	出典
事態の確からしさとその結果の組み合わせ，または事態の発生確率とその結果の組み合わせ	JISQ 2001
組織にとって，不利な影響を与え得る事象	COSO ERM

③リスクマネジメント

表3にJIS Q 2001及び経済産業省におけるリスクマネジメントの定義を記す。

表 3　リスクマネジメントの定義

リスクマネジメントの定義	出典
リスクに関して，組織し管理する調整された活動	JISQ 2001
企業の価値を維持・増大していくために，企業が経営を行っていく上で事業に関連する内外の様々なリスクを適切に管理する活動	経済産業省（リスク管理・内部統制に関する研究会）

不確実性の分類を表 4 に記すが，化学物質の安全性に関してはここで述べられている「無知」や「不一致」といったリスクが対象となる。

表 4　不確実性の分類

リスク	危害の内容が知られ，その発生確率も知られている
狭義の不確実性	危害の内容は知られているが，その発生確率は不明 ただし不確実性の程度は，定量的に推定される
無知	未来の危険性があるのかどうかさえ不明
非決定性	どんな種類の問題なのか，どんな要因や条件が関係しているのかが不明で，問題の立て方（フレーミング）が定まらず，議論に開かれている
複雑性	振る舞いを決める要因が一意に定まらなかったり，複合的で非線形
不一致	フレーミング・研究方法・解釈の多様性，論争参加者の能力に疑いがある
曖昧性	事柄の正確な意味や，何が主要な現象か要因かが曖昧

表 5 に「危険」「リスク」「残存リスク」の概念を示すが，この分類におけ

る「リスク」では「不確実性の存在」が提示されている。このようにリスクやリスクマネジメントについては，色々な定義や議論がなされているが，本研究におけるリスクの意味としては「不確実性」と定義する。

表 5 「危険」「リスク」「残存リスク」の概念

<table>
<tr><td>危険</td><td>危険排除（防除・防止）
確実な国家介入を要する
（警察規制・消極規制）
国民の生命・身体・財産の保護を目的とする</td><td rowspan="3">高リスク
（環境に対する損害発生）
⬆
低リスク
（ゼロ・リスク）</td></tr>
<tr><td>リスク</td><td>リスク事前配慮
「リスク低減」が目的
「不確実性が存在」
国家が介入すべきリスク</td></tr>
<tr><td>残存リスク</td><td>受忍すべきリスク
国家介入は許されない
法的に許容されたリスク</td></tr>
</table>

第 I 部

化学物質規制とは何か

第1章

化学物質規制の潮流

本章では歴史を振り返りながら，最近の新しい化学物質規制の潮流について概説する。化学物質規制に産業政策を融合した欧州REACH規則の取り組みや「予防原則」といった新しい概念を規制に適用することの効果について，実例をもとに分析・考察を行い，REACH規則の戦略的な背景を解き明かし，次章において企業における化学物質管理を考える上での基礎としたい。

1. 環境汚染と企業の対応

第2次世界大戦後，日本は急激な復興を遂げてきた。石炭，繊維，鉄鋼，自動車，電子・電気業界などが経済を牽引し，その旺盛な需要に応える形で化学産業も発展してきたと言えよう。そのような背景の中で，日本では昭和30年代から40年代にかけて水俣病やカネミ油症などいくつかの公害問題が発生した。当時は化学物質の安全性に関する知識が少ないこともあるが，行政は環境中に排出してしまった化学物質に対して「エンド・オブ・パイプ(工場の配管から出ないような規制)」といった法対応を行ってきた。その後，欧米を中心に化学物質の安全性に関する技術が進歩し，ハザード（毒性）に関しての多くの知見が得られるようになってきた。よって化学物質規制に関しても，化学物質の安全性（ハザード）に基づいた評価を行うのが主流となってきた。今日でもその風潮は続いているが，21世紀に入り，化学物質のハザード（毒性）だけではなく，環境中への排出量（暴露量）も一緒に考えるべきであるという「リスク評価」という概念が提唱されている。リスク評価を行うためには化学物質の安全性データに加え，環境中への排出量を算出しなければならないために労力がかかるが，より正しい判断を行うことができるものと考えている。このように化学物質規制も大きく変わりつつある中で，企業はこれからどのように規制に対応していかなければならないか，あるいは自社製品の化学物質管理をどのように行わなければならないかが問われてきているのである。

2.　化学物質規制の歴史

環境規制の歴史を考えると，昭和30年代～40年代は化学物質の環境中への曝路，すなわち公害が起こってから規制するといった事後規制が主流であった。これは化学物質の安全性について，その詳細が分かっていなかったということに起因すると思われるが，当時は工場の外に化学物質が出るといったリスクについてはほとんど考えられていなかったと思われる。表1-1に日本で起こった4大公害について述べる。

その後，欧米の科学者を中心に，化学物質の安全性が次第に解明されるようになってきた。例えば欧州の巨大化学企業は自社に毒性部門を有しており，自社製品のハザード評価を実施してきた。また今日では製造物責任についても言及するようになってきた。すなわち化学物質の安全性評価が行えるようになり，政策側にとってもある程度の事前規制が可能となってきたのである。当初はハザード（毒性）評価に重点が置かれ，人や動物に対する色々

表1-1　4大公害訴訟の概要

裁判の名称	提訴年月	判決年月	概要
新潟水俣病訴訟	1967年6月	1971年9月	化学会社の排水に含有する祐希水銀で汚染された魚類の接種による有機水銀中毒事件
四日市ぜんそく訴訟	1967年9月	1972年7月	石油化学工業6社の排出する大気汚染による呼吸器疾病発生事件
イタイイタイ病訴訟	1968年3月	1971年6月 控訴審判決	鉱業会社が排出したカドミウムで汚染された農作物，魚類，飲料水の接種によるカドミウム中毒事件
熊本水俣病訴訟	1969年6月	1973年8月	化学会社の排出する排水に含有されていた有機水銀で汚染された魚類の摂取による有機水銀中毒事件

な影響に対する評価法がこれまでに確立されてきた。科学技術の進歩と共に各種評価法もより進んだものとなってきたが，実際にはまだまだ解明されていない部分も多い。すなわち化学物質の生体に関する影響を，詳細かつ正確に突き止めるのは難しい。またこれまでに確立されている評価方法についても，科学技術の進歩と共に改正されなければならない。また最近では「内分泌撹乱物質（環境ホルモン）」や「混合効果（Combined Effect）など，生体への新しい現象も次々に見出されており，そのような新しい現象に対する評価法の確立も急務となっている。

21世紀に入ってからは化学物質の安全性について，ハザード（毒性）評価ではなく，リスク評価をベースに判断するようになってきた。ハザードはあくまでその化学物質の安全性（毒性）の程度を表しているが，ハザードだけでなく，環境中への排出量もカウントして，総合的に評価を行うのがリスク評価と呼ばれるものである。日本の化審法も2011年に大幅な改正を行い，これまでのハザード評価から，リスク評価へと移行している。

図1-1に化学物質管理の基本体系を記す。ハザード評価やリスク評価を行

図1-1　化学物質管理の基本体系[1)]

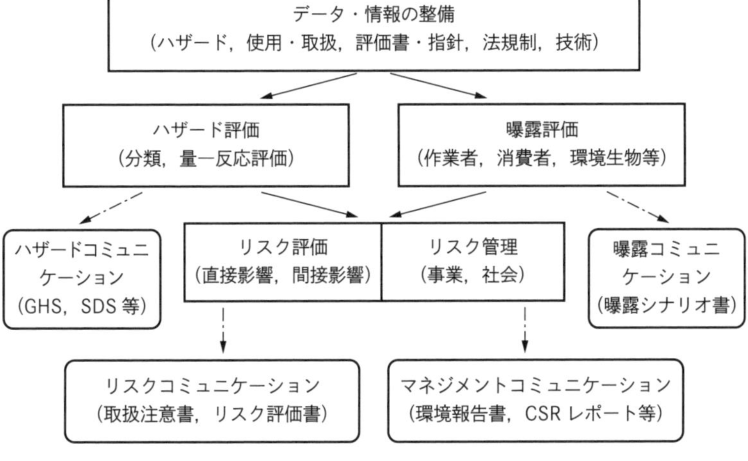

うのはもちろんであるが，それらの結果をステークホルダーに開示することが，昨今はCSRの観点から特に重要となっている。また単なる結果の伝達ではなく，それらを含めたリスクについての管理に加え，リスクコミュニケーションやマネジメントコミュニケ—ションについても，企業の化学物質マネジメントという視点からはこれからますます重要となってくる。

3.　世界の化学物質規制

ここでは世界の化学物質管理政策について，欧州，米国，日本の例を紹介する。

・欧州

EUの化学物質管理の法規は，域内の市場統合のために加盟国の法律体系を統一し，そして加盟国が協調して実施するのが効率的な技術事項を統合するために制定されてきた。つまり化学製品の国際貿易に対する非関税障壁を緩和するためのOECDの理事会決議や協調プログラムと類似した性格を有している。そしてEU諸国が合意した化学物質管理の規範は，OECDの場を通して米国や日本も含む先進国の共通規範となり，さらにUNCEDやWSSDなどのUNの枠組みを通じて発展途上国をも含めた共通規範となっている。図1–2にEUの化学物質管理の仕組みを記す。

EUの執行機関である欧州委員会は，2003年10月に新しい化学物質管理政策として「化学物質の登録，評価，認可および制限に関する規則（REACH：Regulation concerning of the Registration, Evaluation, Authorization and Registration of Chemicals)」を提案した。REACH規則の目的は 高い水準の人及び環境の保護を確保し，かつ化学産業の競争力を高めることである。そのため，これまであった40以上の指令や規則を置き換えて，1つの統合した法律体系としてEU加盟国の全体に適用する。その主な構成要素である登録，評価，認可及び制限の概要は以下の通りであり，運用に関しては欧州化

図 1-2　EU の化学物質管理の仕組み[1)]

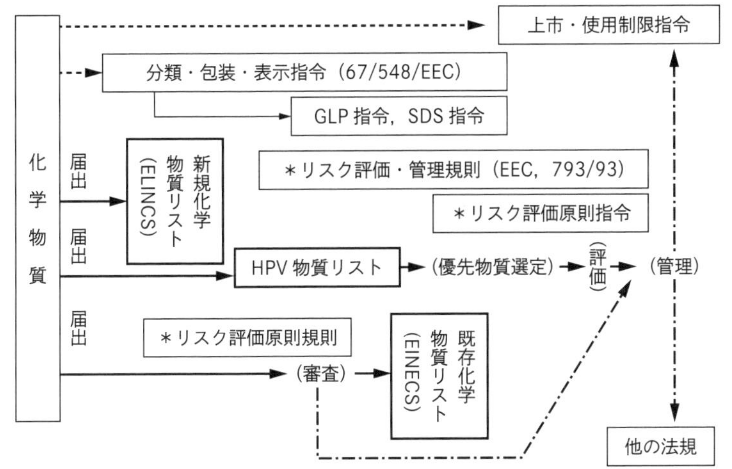

＊これらの指令・規則の運用のため「リスク評価技術手引書」が策定されている。

注：EINECS；European Inventory of Existing Commercial Chemical Substances.
　　ELINCS；European List of Notified Chemical Substances.

学品庁が取りまとめを行っている。

①登録（Registration）

事業所あたり年間1トン以上製造（輸入も含む）されている化学物質は，中央データベースに登録される。製造者及び輸入者は年間10トン以上の化学物質の登録に際して用途やハザードの分類とラベル表示の案，安全データシート及び確認した用途の化学物質安全報告書を届け出る。

②評価（Evaluation）

事業者が届け出た登録書類について主に試験実施計画と懸念されるリスクの有無について評価される。試験実施計画の評価は動物試験の必要性に着目して行われ，懸念されるリスクの評価は追加データの必要性及び認可手続きや制限の必要性に着目して行われる。

図 1-3　EU の化学物質関連法規[1)]

注：REACH 規則の矢印は，今後，REACH 規則の体系に統合されることを示す。また，GHS の矢印は，今後，ハザードの分類，表示等が輸送安全も含めて全体として GHS 制度に適合されることを示す。

③認可（Authorization）

CMR 物質及びその他の懸念の高い化学物質はリストに収載して認可手続きの対象とする。申請者は化学物質安全報告書，社会経済分析報告書あるいは代替計画書を添付して認可の申請を行う。

④制限（Restriction）

リスクを適切に管理できない特定の化学物質の製造・使用等は，制限条件を規定してリストに収載する。

REACH 規則の化学物質管理体系を図 1-4 に示す。REACH 規則の特徴として以下の点を挙げることができる。

図 1-4　REACH 規則の化学物質管理体系[1)]

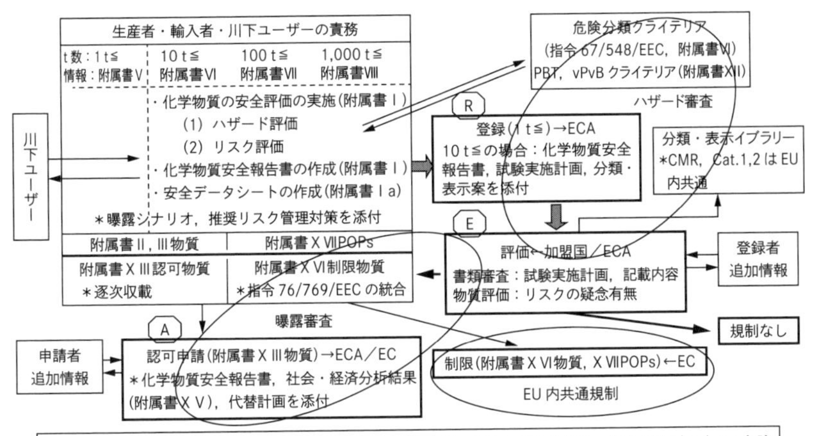

主な現行関連法規：指令 67/548/EEC；危険物質の分類・包装・表示に関する指令，指令 1999/45/EC；危険な調剤の分類・包装・表示に関する指令，規則(EEC)No793/93：既存物質のリスク評価と管理に関する規則，指令 76/769/EEC：危険な物質と調剤の上市と使用の制限に関する指令

注：ECA；European Chemical Agency　PBT；Persistent Bio-accumulative and Toxic chemicals.　vPvB；very Persistent and very Bio-accumulative chemicals.　CMR；Carcinogenic, Mutagenic or toxic to Reproduction.　POPs；Persistent Organic Pollutants.

・数多くの指令や規則による現行の規制体系を REACH 規則に一元化し，総括的に所管する欧州化学品庁を新たに設置した。
・新規化学物質と既存化学物質の区別を廃止し，化学物質と調剤だけでなく，成形品中の有害物質も管理の対象とする。
・化学物質の製造と使用に関わる事業者が化学物質のハザード評価だけでなく，化学物質のサプライチェーンに沿った曝路評価やリスク評価の実施及びリスク管理方策の選定に関わる責務を分担する。
・REACH 規則の施行に必要な各種手引書を入札方式で外部に委託して策定した。これらの中には CEFIC（欧州化学工業連盟）に委託したものもある。

EU が化学物質管理体系を REACH 規則に転換させた1つの理由は，加盟国政府が共同活動として行ってきた既存化学物質のリスク評価が，ハザード情報や使用段階の曝路情報の不足のために著しく遅延したことである。そのためREACH規則では化学物質の流通に関わる事業者にハザード評価だけでなく，曝路評価やリスク評価を義務づけ，その評価結果を行政が確認する方策を採用した。この事業者を方策は日本の法規と大きく異なる一方で，リスク評価を基礎としている米国の法規制（TSCA）に通じるところがある。

・米国

米国の化学物質管理の特徴は，労働者の安全衛生，消費者製品の安全衛生及び危険有害物の輸送安全（陸上，海上，航空）がそれぞれ１つの包括的法規のもとに統合されていることである。図1-5に米国の化学物質関連法規を示すが，例えば日本では別々の法規によって異なる省庁が所管しているものも，同一の体系となっている。国民や事業者，労働者，消費者に使い勝手の良い法律体系となっている要因は，米国の立法過程のあり方に依存している

図1-5　米国の化学物質関連法規[1)]

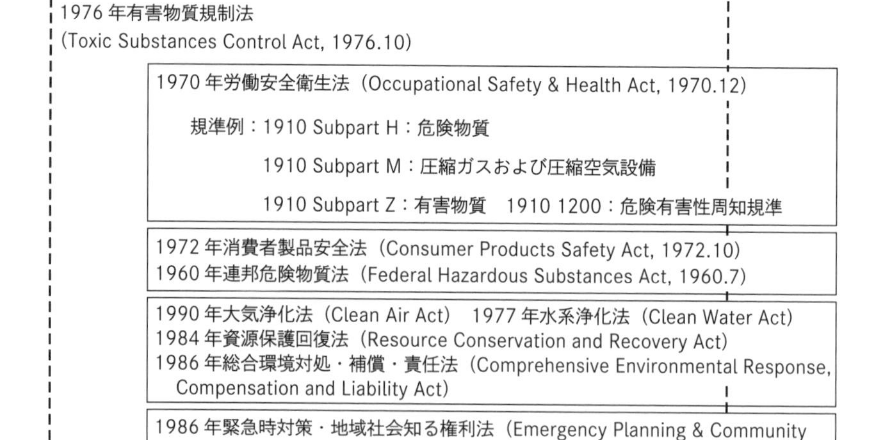

注：GHSの矢印は，今後，ハザードの分類，表示等が輸送安全も含めて全体としてGHS制度に適合されることを示す。

ものと考えられる。

・日本

日本は化学物質のハザード評価やハザードコミュニケーションに関わる制度までが複数の法規に分散し，また保安防災や輸送安全に数多くの法規が重複しているため，EU や米国と同様な図で例示することは不可能である。図 1-6 に日本の化学物質関連法規を示す。

化学物質管理に関する法律として化学物質審査規制法がある。以前はハザードベースでの管理を行っていたが，2011 年の改正によりリスクベースでの評価に移行した。リスクベースでの評価に移行したことで，化学物質メーカーは自社製品（化学物質）全てについて経済産業省に数量を届け出る義務が課せられている。また優先評価物質というカテゴリーを新設し，規制するかどうかを判定するまでの期間，都道府県別の出荷数量を経済産業省に届け出ることとなっている。3 省（経済産業省，厚生労働省，環境省）は届けら

図 1-6　日本の化学物質関連法規[1)]

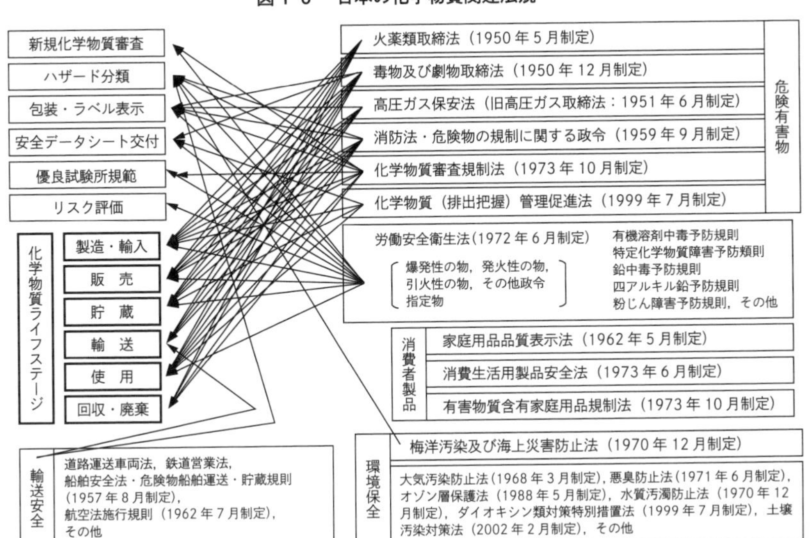

図 1-7　化学物質管理の比較（日欧米）

項　目	日　本	欧　米
化学物質管理に関する国と企業の役割	国が主体	企業が主体
	安全性試験は主に国が行ってきたが，改正化審法で企業も分担することになった。	安全性試験は主として企業が行う。
大学の毒性研究	反論する人はいない（企業は意見を言わない。日本人は争いを好まない）。	他者が再現試験をしたり，反論したりする。
リスク評価	普及していない。 専門家が少なく，教育も不足。 リスクを論じる社会基盤が弱い。	ガイドライン，モデル等の手法が整備され，リスク評価を延々と行う。この過程で新たな事実の発見やリスクコミュニケーションが行われ，リスク管理手法の選択が行われる。
法律におけるリスクの考え方	化審法はハザード管理でリスク評価はしていない。	米国 TSCA，EU76/769/EEC はリスク評価を実施している。
リスク削減	企業は自主的にリスク削減を行い，試験やリスク評価はしなくても，リスク削減は進んでいる。	リスク評価に基づいて規制する。
	試験やリスク評価はしなくても，リスク削減は進んでいる。	リスク評価は充実しているが，リスク削減は進まない。 予防原則という考えが必要になる。
環境モニタリング	国および地方自治体が全国的なモニタリングを行っている。	実測値は少ない。
	リスク評価には実測値を採用する。	シミュレーションモデルによる計算結果を採用するケースもある
	モデルを用いた推定のためのデータ（PRTR）とモニタリング結果の両方をもっている。モデル推定の検証が可能。	
企業の自主性	自己責任に慣れていない。	自己責任（訴訟社会）。

れたデータを基に，優先評価物質となった化学物質を規制するかどうかどうかを判定する。図 1-7 に日本と欧米の化学物質管理について比較したものを記す。

以上，欧州，米国，日本の化学物質管理政策について説明した。後述するが，欧州の新しい化学物質規制である REACH 規則については，産業政策が反映された化学物質政策となっている。REACH 規則の第１条には REACH 規則の目的が記されているが，「EU の産業競争力の向上」を明示されているのである。

4.　化学物質規制の新しい潮流

4.1　化学物質規制と産業政策の融合

近年，欧州では化学物質管理（環境政策）に産業政策を導入する試みが行われている。これまで化学物質管理は世界の各地域でそれぞれ独立して行われてきたが，この新しい試みは製品のサプライチェーンをも規制する，いわば世界全体を巻き込んだ政策（規制）となっている。REACH 規則の第１条（目的）には，「欧州の産業競争力向上」と書かれている。これは何を意味しているのだろうか？またどのように具現化されるのであろうか？その鍵は REACH 規則における政策決定プロセスにありそうである。REACH 規則においては「ステークホルダーの意見を取り入れつつ，政策決定を行う」といったフレームワークを採用している。

REACH 規則における規制化の流れを次に説明する。まず EU 加盟国の１か国が「(ある化学物質を）規制候補物質にすべき」という提案を行う。ここでの規制候補物質は正式には「高懸念物質の候補物質」と呼ばれる。他の加盟国で特に反対がなければ，この化合物が「高懸念物質の候補」として欧州化学品庁から公表される。次に世界中のステークホルダー（消費者，環境 NGO，メーカー等）に対して，パブリックコメントを募集する。パブリックコメントは欧州化学品庁のホームページから提出することが可能であり，特に大きな問題がなければ次の段階に移行する。次は「高懸念物質」であるが，これも先程と同様にパブリックコメントが募集される。以上述べてきたように１つ１つの政策決定過程において，ステークホルダーの意見を聞くようなプロセスとなっており，その後も REACH 規則のフレームワークに従って，順次政策判断を行うようなプロセスになっている。

さてREACH規則には「欧州の産業競争力の向上」という目的があるが，どのように具現化されているのだろうか？これもREACH規則が始まってからまだあまり時間が経っていない，すなわち規制された化学物質が数少なく，そのほとんどはメーカーが製造中止にするなど，産業競争力を判定するにはまだ情報量が少ないといった事情により，実例を用いた研究はほとんど見当たらない。例えば「EU加盟国がどの物質を規制候補に取り上げるか？」という問題を考えた時，これが産業政策の源泉をなしているのかもしれない。

4.2　予防原則の適用

欧州における新しい環境規制であるREACH規則は，化学物質管理の新しい潮流を垣間見ることができる。REACH規則に関しては前述したが，ここでは予防原則について着目し，以下に説明する。REACH規則では「予防原則の導入」を明文化しており，明らかに政策決定に予防原則を用いることを前提としている。「予防原則」という言葉が使われる前は，「予防的アプローチ」という言葉が使われていた。以下にそれらについて説明する。

・予防的アプローチ（1992年環境と開発に関するリオ宣言原則15）

「環境を保護するため，予防的アプローチは各国により，その能力に応じて広く適用しなければならない。深刻なまたは回復し難い損害の恐れが存在する場合には，完全な科学的確実性の欠如を，環境悪化を防止する上で費用対効果の大きい措置を延期する理由として用いてはならない」

・予防原則（1997年アジェンダ21のさらなる実施の計画）

予防原則という言葉は「アジェンダ21のさらなる実施の計画」（1997年）に第14パラグラフで使用された。その後，予防的アプローチと同様の意味で使用されている場合が多いが，明確に区別して使われる場合もある。一般に「原則」は国際慣習法上の原則，少なくとも国家の行動を直接拘束する規範と考える側が用いる。EUはこの考え方を主張している。一方，「アプローチ」はケースごとに内容が変わりうる指針を示すに過ぎないとの見方をされ，米国がこの言葉の採用に固執している。

次に「予防的取り組み」と「予防原則」の双方を意味する言葉「予防」に関する各国の取り組みを紹介する。

・EU

欧州委員会は1998年10月「予防原則の適用に関するガイドライン」の中で，「予防原則は科学的不確実性という状況下において適用されるリスク管理への方策であり，科学的調査結果を待たずに，潜在的に深刻な危険に直面する際に行動をとることの必然性を反映するもの」と定義している。

・米国

予防原則に関してはEUが協調してきた経緯があり，米国はこの「原則」という用語に対する警戒心が顕著である。この件については日本以上に固執しており，国際的な論争が生じている。WTOにおいて，EUとの間で予防原則に基づきEUが行った貿易制限（牛肉ホルモン事件，遺伝子組み換え食品）の正当性が争われた。

・日本

1992年の地球環境サミット，アジェンダ21を受けて，1993年に制定された環境基本法の4条で「未然防止」の取り組みが明示されている。「健全で恵み豊かな環境を維持しつつ，環境への負荷が少ない健全な経済の発展を図りながら，持続的に発展することができる社会が構築されることを旨として，行わなければならない」このように科学的知見の充実，定量的なリスク評価のもとが前提であり，科学的不確実性を前提とした「予防」は日本の法体系には含まれていなかった。従来から行政では意識してこの言葉を使用していないと明言している。しかしながら2006年3月閣議決定した第3次環境基本計画では「化学物質のライフサイクルに渡る環境リスクの削減や予防的な取り組み方法の観点に立った効果的・効率的なリスク管理が必要である」と言及している。このほか「予防」が組み込まれている各種国際条約の締結により，日本においては予防原則という文言は使用しないが，実質的に予防の取り組みが行われている。

第2章

予防原則を用いた化学物質規制

1. はじめに

近年，科学的不確実性を有する化学物質に対する政策判断として予防原則が用いられている。ここでは欧州の環境規制であるREACH規則[1)]を取り上げ，予防原則[2)]を導入した化学物質規制について事例研究を行った。

1.1 研究目的

欧州では新しい化学物質管理規則であるREACH規則が施行された。REACH規則は予防原則という概念の適用を明文化した環境政策であり，安全性評価において科学的不確実性を有する化学物質に対する政策判断を試みようとしている。本節ではREACH規則における最初の規制対象物質の1つである可塑剤DEHP（ジエチルヘキシルフタレート，Di-2-Ethyl-Hexyl Phthalate）の事例をもとに，予防原則を用いた化学物質規制について考察する。

1.2 先行研究と本章の課題

予防原則を用いた環境政策に関する先行研究として，例えばEU環境法について（庄司，2009）や化学物質法と予防原則について（増沢，2007；大塚，2009），また「科学的不確実性をどう捉えるか？」（赤渕，2008）などがある。また環境リスク管理と予防原則について体系的にまとめた成書も出版されている（植田・大塚，2010）。これらの研究に見られるように最近の欧州における化学物質規制において，科学的な不確実性がある場合は「予防原則」の適用を試みている。例えばREACH規則の第1条には，この規則が「予防原則」に基づくことが明記されている。また政策に予防原則を適用することの効果として「証明責任の転換」が言及されている（小島，2008；2009）。また予防原則を用いた政策において「予防原則を補完するものがステークホルダーの関与・参加」（下山，2008）と言われている。すなわち科学的知見の限界を補充するための民主的正当性あるいは利害関係者の関与・参加による合理化の補充という視点が重要となってくるのである。このように環境法に関する研究は行われているものの，実例を用いた研究はほとんど行われていない。これはREACH規則が施行されてから間がないということ及び規制対象候補物質の中で大量生産されている化学物質が数少ないという理由によるものと考えられる。

ある化学物質を規制候補物質に指定するというのは，ユーザーに対して規制化と同程度のインパクトを与えるのではないか。例えばREACH規則では政策判断プロセスにおいてステークホルダーの意見が反映される制度となっていることから，その間にユーザーや市民が色々な反応を示す。例えばユーザーは環境志向型経営といった視点から，規制候補に挙がっている化学物質の使用禁止や代替品の使用を検討する可能性が高い。また規制候補物質を製造している企業も代替品の研究開発や製造を行うなど，消費者や株主を睨んだ企業戦略を取ると予想される。ここで規制当局側は「詳細なリスク評価を行うために候補物質の1つとして挙げた」「リスク評価の結果によっては規制されないこともある」という見解を持っているが，消費者やユーザーにとって「規制候補物質」というのは「規制物質」に指定することと同程度のインパクトがあるのではないだろうか。以上のことから，次の仮説1が導かれる。

【仮説1】REACH規則における規制候補物質の指定は，規制物質に指定することと同程度のインパクトを与える。

規制候補物質を製造している企業が製造中止を行うことで市場構造が変化

した場合，規制される可能性が高くなるのではないか。これは候補物質となった化学物質の製造量が減少した場合，規制を実施したとしても市場に与える大きな影響はないといった要因に基づくものと考えられる。規制候補物質の製造量が減少し代替品への移行が進んだ場合，規制候補物質は予防原則を用いた化学物質規制では規制化の方向に進む可能性が高いというのが次の仮説2である。

【仮説2】REACH規則の規制候補物質となり，その結果，製造量が減少した化学物質は，予防原則を用いた化学物質規制では規制化の方向に進む可能性が高い。

2.　欧州REACH規則における規制化：可塑剤DEHPの事例

REACH規則は2007年6月1日に施行され，2008年6月に最初の高懸念物質候補15種類が公表された。その中には塩化ビニールの添加剤（可塑剤）として最も多く使用されているDEHPが含まれていた。DEHPは1990年代から発がん性や内分泌撹乱作用がある物質として疑われ，各国でリスク評価が行われたが，2008年3月にEUで「リスクの懸念なし（これ以上の法的措置を取る必要なし)」と判断された。しかし，同年REACH規則がスタート，DEHPは最初の高懸念物質候補（15物質）として選定された。DEHPは元々CMR物質[3)]であったことが，高懸念物質の候補に選ばれた理由と言われている。

次に，REACH規則における化学物質の規制プロセスを概説する。REACH規則において化学物質の規制を行う場合，多くのプロセスを経なければならない。まず安全性評価において科学的不確実性を有する化学物質の中から，EU加盟国（1か国）が高懸念物質候補を提案する。次にパブリックコメントを経て，特に問題がなければ正式に高懸念物質となる。次に高懸念物質の中から，認可対象物質[4)]（それぞれの使用用途において認可が必要な物質）候補を選出する。科学的不確実性の高い化学物質については安全性の判断が難しいため，「禁止」や「制限」などといった厳しい規制ではなく，「認可（用途認可を取得すれば使用可能）」というカテゴリーに分類される。その後パブリックコメントを経て，問題がなければ正式に認可対象物質となる。認可対象物質となった場合は，それぞれの用途で日没日（Sunset Date）と呼ばれる期限までに用途認可を取得しなければ，それ以降は欧州内で原則使用禁止となる。DEHP の場合，高懸念物質候補となったのが 2009 年 2 月，そしていくつかのパブリックコメントを経て，2011 年 2 月に認可対象物質と認定された。

3.　欧州可塑剤メーカーの動向

REACH 規則において，可塑剤 DEHP は高懸念物質候補にリストアップされ，最終的には認可対象物質となった。そのプロセスの中で欧州の可塑剤（DEHP）メーカーはどのように行動したのであろうか？欧州では REACH 規則施行前の 2004 年に OXENO 社が，翌 2005 年に BASF 社が DEHP の製造を中止した。この主要可塑剤メーカー 2 社が製造中止を行ったことで可塑剤市場における DEHP のシェアは 42%（年間 42 万トン）から 17.5%（年間 14 万トン）に減少し，欧州市場は代替品である DINP（ジイソノニルフタレート，Di-isononyl phthalate）に大きくシフトした。そして REACH 規則施行後 DEHP が高懸念物質や認可対象物質へと移行する規制化のプロセスの中で，2009 年には Perstorp 社や OXEA 社などをはじめとする欧州 DEHP メーカーのほとんどが DEHP の製造を中止したため，欧州における DEHP 製造量は今日では年間約 2 万トンまで減少している。その後 2011 年 2 月に DEHP は REACH 規則における最初の認可対象物質の 1 つとして認定された。

4.　欧州 RoHS 指令における規制化：可塑剤 DEHP の事例

次に，電気・電子部品における化学物質規制である RoHS 指令[5)]における DEHP の規制について取り上げる。同指令の改正が議論されていた 2009 年

12月，欧州議会のジル・エバンス議員（ラポーター，緑の党）が以下の提案を行った[6)]。

① DEHPを禁止候補物質とする（付属書Ⅲ）[7)]
② DEHPを禁止物質とする（付属書Ⅳ）[8)]

しかし付属書Ⅳについては規制する根拠が乏しかったため，2010年9月に欧州議会で否決された。欧州化学業界団体などが欧州議会に対してロビー活動を行った際の争点は「REACH規則との整合性」であった。すなわち「REACH規則というEU全体を管掌する法律があるのだから，RoHS指令で先に規制することはない」という論法であった。欧州における「規則」は欧州全域に適用される法律を指すが，「指令」はあくまで規制内容の枠組みだけを決め，規制の詳細については各国に裁量権が与えられている。その後，欧州議会で付属書Ⅲも否決されたが，この時も産業界側がロビー活動において「REACH規則との整合性」を争点においたため，REACH規則で高懸念物質となっていたDEHPはRoHS指令においても，安全性に懸念のある物質として指定されることとなった。当時DEHPはREACH規則において認可対象候補物質であり，仮に認可対象物質になったとしても用途認可が得られれば，その用途に関しては使用可能となる。しかし電気・電子製品に対する化学物質規制であるRoHS指令の改正時にDEHP（他2物質）が懸念物質としてリスト化されたことは，REACH規則において電気・電子製品用途に関しては認可が得られないかもしれないという懸念を生む結果となった。

5.　考察

本章では得られた結果を基に，提示した仮説についてそれぞれ例証を試み，これらの仮説から導かれる知見について考察を行う。

【仮説1の例証】

科学的不確実性を有する化学物質に関しては，政策判断プロセスに長い年月を要する。REACH規則が施行される以前は，安全性評価において科学的不確実性を有する化学物質についての政策判断は困難であった。それを予防原則の概念に加え，ステークホルダーの意見を取り入れることにより政策判断を行おうとする新しいフレームを採用したのがREACH規則である。しかしDEHPの場合，それぞれのステージで高懸念物質や認可対象物質に該当するかどうかといったステークホルダーの意見を反映させるプロセスを経るために，最終的な政策判断までにかなりの年月を要した。規制候補物質として選出されたことで，メーカーが製造中止を行ったために，規制候補物質があたかも規制物質に指定されたと同等のインパクトを与えたのである。高懸念物質というのは「リスクに対する懸念が高いので，きちんとリスク評価をしてから安全性を判断すべきである」という意味であるが，「環境経営」を志向している企業は「安全性が疑われたものは使わない」という企業行動を取った。

【仮説2の例証】

欧州の可塑剤市場においてはDEHP製造量が激減し，代替品であるDINPへの代替化が進行した。これはREACH規則施行前に欧州可塑剤メーカー2社（OXENO社及びBASF社）がDEHPの製造中止を行ったことに加え，DEHPがREACH規則で規制対象候補物質となったことで，他社も製造中止を追随したことに起因している。欧州可塑剤市場においてDEHPのシェアが著しく低下し，2011年2月にDEHPはREACH規則における最初の認可対象物質として認定された。

欧州可塑剤市場においてDEHPのシェアが著しく低下したことは，仮にDEHPが規制されたとしても産業界や市場に対して大きな影響はないことを意味しており，規制化を行うにあたり大きな問題がない。すなわち需要が著しく減少した規制候補物質は，規制される可能性が高いと考えられる。本稿で紹介したREACH規則におけるDEHPの規制化は欧州DEHPメーカーの

DEHP製造中止による代替品への市場変化がトリガーとなったと考えられる。

さて仮説1～仮説2に対して行った例証を踏まえ，次に以下の視点でまとめてみたい。

1）予防原則を用いる化学物質規制の課題

予防原則を用いる化学物質規制においては，規制当局がさらに詳細なリスク評価を必要とする候補物質を選択する。その選択された物質が，企業やNGOなどには規制対象物質という意味で捉えられてしまう。今日，ユーザー側は「安全性が疑わしい化学物質は使用しない」といった環境重視の経営を志向していることが多い。また化学物質規制における政策判断までに多くの年月を要するといったこともあり，ユーザー側の使用回避といった行動に加え，メーカー側も当該物質の製造を中止するといった意思決定を行うことも少なくない。このため，予防原則を用いる場合の化学物質規制は，候補物質の選択を慎重に行うことが求められる。

2）他の化学物質規制への影響

電気・電子製品に対する化学物質規制であるRoHS指令の改正時に，DEHPは安全性に懸念のある物質として指定された。当時DEHPはREACH規則においてリスク評価や社会経済性評価が行われておらず，最終的な政策判断も行われていない段階であった。しかしDEHPがREACH規則の認可対象候補物質であったことが，結果としてRoHS指令での指定につながり，電気・電子製品業界に大きな影響を及ぼす結果となった。

6.　結論

本章では化学物質規制の歴史を振り返りながら，化学物質規制に産業政策を融合した欧州REACH規則の取り組みや「予防原則」といった新しい概念を規制に適用することの効果について，実例をもとに分析・考察を行った。

化学物質規制に「予防原則」を適用する場合は不確実性を判断するためにいくつかの段階を経ながら政策決定プロセスが進行していくが，そのようなプロセスにおいては規制化の方向に進む可能性があることを，欧州 RoHS 指令や REACH 規則を実例に用いて明らかにした。

第Ⅱ部

化学物質規制に対する企業の
リスクマネジメントと意思決定

第3章

化学物質規制と企業のリスクマネジメント

前章では化学物質規制に産業政策を融合した欧州REACH規則の取り組みや「予防原則」といった新しい概念を規制に適用することの効果について，実例をもとに分析・考察を行った。本章ではそれらを受けて，企業の意思決定をどのように行うかについて考えてみたい。

1. はじめに

EUの環境政策においては今日，環境規制に経済政策を統合する動きが生じている。今や企業にとって環境経営の実践は重要な活動の1つであり，法規制を睨んだ自主的な対応で他社との差別化を図っている企業も少なくない。欧州の新しい環境規制「REACH規則」[1]においては「ニューアプローチ」や「予防原則」といった新しい概念が導入されており，産業界や消費者の反応を見ながら法規制を制定するといった手法が取られている。ここでは欧州多国籍企業の企業行動が環境規制「REACH規則」に対して与えた影響を分析し，環境規制に対する企業の企業行動のあり方について考察する。

1.1 研究目的

本章では「可塑剤」(塩化ビニルを柔らかくするための添加剤）という製品を取り上げ，「環境規制対象となる可能性がある製品を製造している多国籍企業の企業行動はどうあるべきか？」について検討する。代表的な可塑剤であるDEHP（フタル酸ビス-2-エチルヘキシル）は以前，環境ホルモン騒動でその対象物質となったが，その後世界中で安全性（リスク）評価が行われ，今日では「安全性に問題なし」という評価を得ている。しかし，欧州可塑剤メーカー（2社）はDEHPの生産を中止，その後結果的にREACHにおいてDEHPは規制対象物質に選定されている。安全性に問題ないと言われているDEHPの生産をなぜ欧州可塑剤メーカー（2社）が止めたのか，EU化学品庁は安全宣言を行ったDEHPをなぜREACHで規制対象としたのかを中心に分析を行い，企業行動と環境規制の関係について考えてみたい。

1.2　先行研究と本章の課題

環境規制と企業行動に関する研究は古くから行われてきたが，そのほとんどが環境規制に対する企業の対応事例である。例えば昭和40年代は「エンド・オブ・パイプ（出口規制）」と呼ばれる政府主導の環境規制に対して，企業がどう対応したかといった研究が主流を占めており，例えば公害問題における企業の対応事例などが挙げられる。また規制と企業行動だけでなく，イノベーションという視点でも規制が言及されるようになり，いわゆる「適切な規制はイノベーションを促進する」というポーター理論についても数多く研究されてきた。昨今，欧州を中心に環境規制に産業政策や流通経路（サプライチェーン）をも取り入れる動きがあり，規制の内容もより複雑化してきた。環境規制が複雑化するに従って，企業の行動パターンも変わってきた。ただ規制に従うのではなく，「自主的対応」と呼ばれるような企業行動で他社との差別化を行ったり，「標準化戦略」と呼ばれるようなデファクトスタンダードを獲得することで，競争優位を発揮できる例も少なくない。本章のような環境規制に対応した企業行動が，結果として規制そのものに影響を与えたということに着目した規制と企業行動の関係についての研究はまだ数少ないと思われる。

2.　可塑剤と安全性問題

2.1　可塑剤とは

可塑剤とは，塩化ビニル樹脂（塩ビ）に柔軟性を与える添加剤であり，広く一般に用いられている。また塩ビは最も幅広い用途で使用されているプラスチックで，世界各国で様々な用途で使用されており，可塑剤はそうした塩ビの特性を引き出す添加剤として生活の様々な場面でその有用性を発揮している。本章では塩ビの添加剤である「可塑剤」という製品に焦点を当てて，以下に論じることにする。

図 3-1 に塩ビの国内販売量を示すが，欧米に端を発したダイオキシン問題や環境ホルモン問題などによる塩ビ忌避が原因で 1997 年をピークに減少している。図 3-2 に塩ビの添加剤である可塑剤の国内販売量を示す。一般的に汎用可塑剤と言われているのがフタル酸エステルと呼ばれる製品群であり，全可塑剤生産量の 8 割以上を占めている。またフタル酸エステルの内，DEHP（フタル酸ジ 2-エチルヘキシル）と DINP（フタル酸ジイソノニル）の 2 品目でその大半を占めている。特に DEHP は①高性能，②価格が安い，

図 3-1　塩ビ販売量（国内）

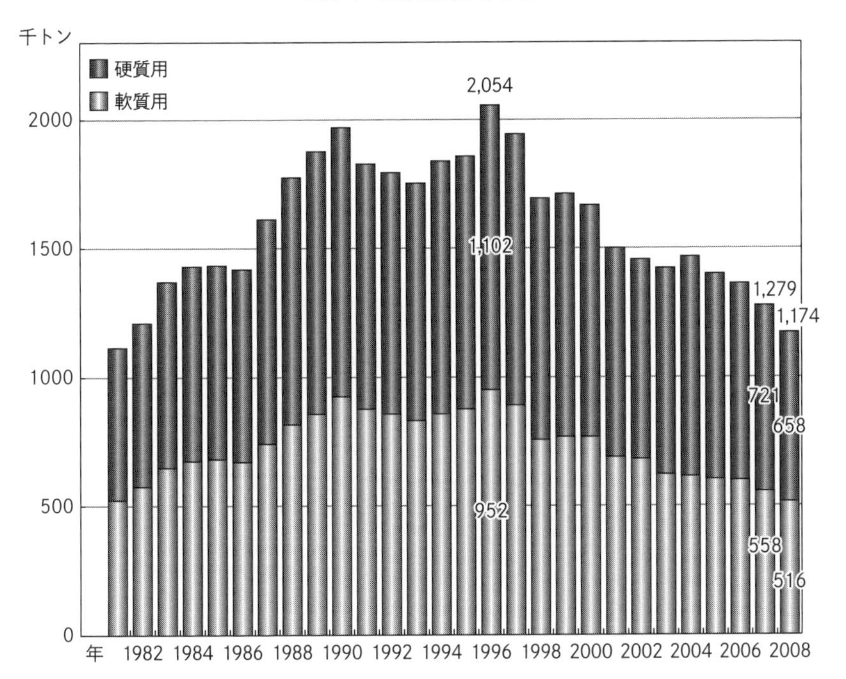

図 3-2　可塑剤販売量（国内）

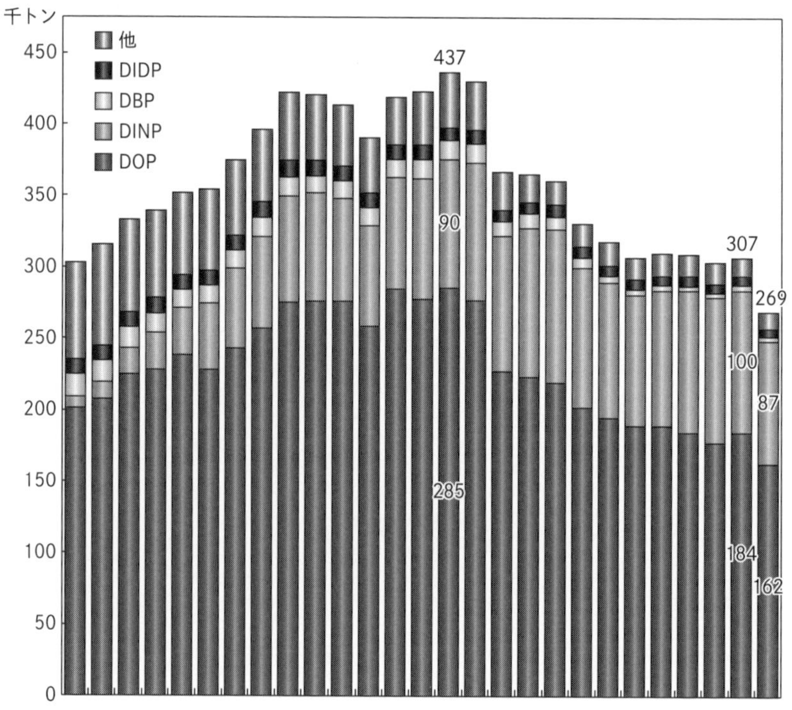

③様々な用途で使用可能，といった理由で塩ビの軟質化に最も適した製品となっており，これまで日本のみならず世界で可塑剤シェアのNo.1となっている。

2.2　可塑剤の安全性問題

1997年に米国で『Our Stolen Future（奪われし未来）』が出版され，環境ホルモンが大きな話題となった。可塑剤（DEHP）はその候補物質に挙げられ，その後環境ホルモン騒動が世界中に広がったため，安全性を立証すべく，世界の可塑剤業界（欧米日）が合同で安全性試験を実施することとなった。業界団体だけでなく，各国政府も自主的にリスク評価に取り組み，可塑剤（DEHP）の安全性を検証しようという試みが行われた。

日本では，環境ホルモン騒動の産業界への多大な影響を考え，産学官共同で早急に安全性試験（リスク評価）を実施，2003年には政府が「DEHPは環境ホルモンではない」という結論を出している[2)]。また2008年2月にはEU委員会からもDEHPに対して「安全宣言」[3)]が出されるなど，国際的にもDEHPの安全性問題についてほぼ決着したという認識であった。

3. 欧州可塑剤メーカーの企業行動

3.1 欧州可塑剤メーカーの概要

可塑剤は石油化学製品に位置付けられ，製造プラントの稼働率が高く，生産・販売数量が大きい時に利益を獲得することができるコモディティ製品である。好況時は良いが，不況時にはプラントの稼働率が著しく低下するため，これまで何回かの企業合併や買収で乗り越えて来た。欧州の主要可塑剤メーカー及可塑剤製造能力を表3-1に示す。

欧州の可塑剤需要は1999年当時で年間約100万トンであり，内DEHPが約42万トン，DINPが約35万トンを占めていた。上記主要メーカーの合計製造能力で考えてみてもDINPの稼働率は90％以上あったが，DEHPの稼働

表3-1　欧州主要可塑剤メーカーと年間製造能力（1999年）[4)]

	企業名	本社	DEHP（万t）	DINP（万t）
1	CELANESE	ドイツ	45	—
2	OXENO	ドイツ	36	20.4
3	BASF	ドイツ	30	10.9
4	OXOCHIMIE	フランス	19.5	—
5	NESTE	スウェーデン	18.8	—
6	NOROXO	フランス	—	4.4

（出所）SRI社資料を基に一部改定

率は40％以下といった状況であった。

3.2　欧州可塑剤メーカーの企業行動と欧州市場の変化

環境ホルモン騒動は世界的に広がったが，欧州の可塑剤業界においても当時その影響は深刻であった。そのような環境下，欧州の可塑剤メーカー（OXENO社[5]及びBASF社）が取った企業行動について以下に分析してみる。

・OXENO社の企業行動

OXENO社は2大汎用可塑剤であるDEHP及びDINPの両方を生産しており，DINPについては現在，欧州No.1の製造能力を有している。2004年にDEHP（含原料）の生産を中止し，DINPの生産能力を約20万トンから一挙に約50万トンにまで増強した。DINPに特化した理由は可塑剤グレードの「選択と集中」に加え，DINPの原料購入で他社に比べ優位性を発揮できることが主因であり，DEHPの生産中止で失われた売上はDINPで補完できるといった戦略に基づいている。仮に欧州市場でDEHPからDINPへの切り替えが進まず，DINPが売れ残った場合は潜在需要があり，またDINPメーカーがない中国への輸出を考えていた[6]。OXENO社の取った行動はあくまで需給を睨んだ「製造販売戦略」であり，DINPの原料入手優位性がそれを後押ししたと考えられる。

・BASF社の企業行動

BASF社は世界最大の化学企業として知られているが，OXENO社と同様に2大汎用可塑剤であるDEHP及びDINPの両方を生産していた。環境ホルモン騒動が切欠でDEHPは欧州市場での需要が少しずつ減少していったが，ついにBASF社もDEHP（含原料）の製造中止を決断，2005年に実行した。BASF社がDEHPを生産中止にした理由は，①「少しでも安全性が疑わしい製品については製造を中止する」といった「(顧客最重視の）環境経営」という世界最大の化学会社ならではの企業理念，② OXENO社によるDINPの増産で欧州可塑剤市場の需給バランスが崩れないであろうという推察，③数年後に実施される新しい環境規制REACHにおいてDEHPは規制物質の対象になる可能性が高いという予測，であった[7]。

OXENO社はDEHPで失った市場をDINPの増強による市場投入で補完することが出来たが，BASF社はDEHPだけを単に製造中止するという大胆な企業行動に出ている。これがOXENO社とBASF社の企業行動の大きな違いであり，前者は市場を睨んだ製造販売戦略，後者は世界最大の化学会社が行う「環境経営」という企業理念に大きく基づいたものであると言えよう。

・欧州可塑剤市場の変化

欧州可塑剤メーカー2社（OXENO社，BASF社）によるDEHPの製造中止並びにOXENO社のDINP増産によって，欧州市場ではどのような変化が起こっただろうか。図3-3に欧州における可塑剤消費量を示す。1999年に比べ，2008年ではDEHPのシェア，数量共に減少し，変わりにDINPが増加している。

DEHPのシェアが減少した理由は，DEHPの安全性問題（環境ホルモン騒動）に加え，「大手可塑剤メーカー2社（OXENO社，BASF社）のDEHP生産中止」に反応した顧客が代替品（DINP）への切り替えを加速した影響

図3-3　欧州における可塑剤消費量[8)]

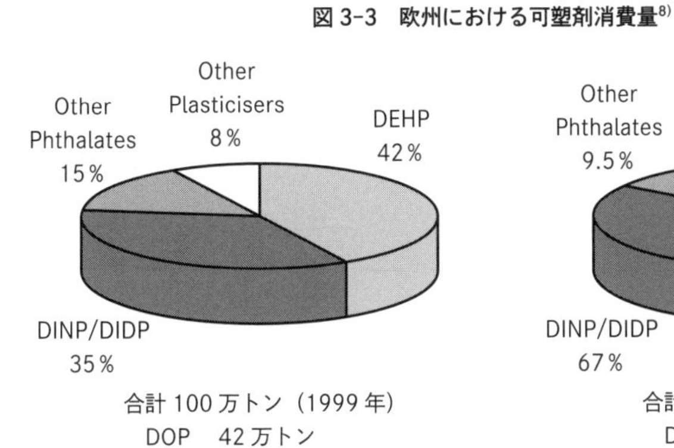

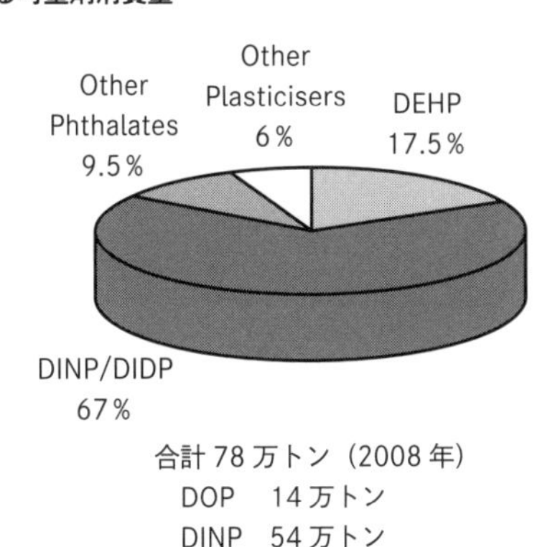

が大きい。またOXENO社がもう1つの汎用可塑剤であるDINPの生産能力を増強したこともDEHP不足による市場への影響を最小限に抑えることが出来た要因と推察される。

可塑剤の安全性問題という背景に加え，欧州可塑剤メーカー2社の取った企業行動により，世界シェアNo.1であるDEHPが欧州では大きくシェアを落とし，代わりにDINPがシェアNo.1となっている。これは当時，欧州だけに見られた特異的な現象であった。

4.　新しい化学物質規制REACH規則

4.1　REACH規則とは

欧州の新しい環境規制「REACH規則」が2008年7月から施行された。REACHは環境規制に産業政策を大きく盛り込んだだけではなく，「ニューアプローチ」や「予防原則」といった新しい概念を導入，産業界や消費者の反応を見ながら法規制を制定するといった手法が取られている。

REACH規則は欧州域内を対象とした化学物質（含化学物質を使用した製品）に対する規制であるが，その特徴は以下の通りである。

① これまで行政側で行われていた化学物質のリスク評価を産業界（製造メーカー）に委ねる。
② 製品の流通経路（サプライチェーン）も規制する（製品の化学物質含有情報の開示義務）
③ 安全性が疑わしい化学物質をリストアップ，産業界の反応を見ながら規制化する

※EU化学品庁が「高懸念物質」を公表，パブコメを経て「認可対象物質」になる。「認可対象物質」に指定されると，欧州域内で使用禁止（用途によっては期限付で使用可）

REACH 規則については様々な側面があるが，ここでは③について注目し，以下に説明する。

4.2 REACH 規則における可塑剤の規制化

2008年6月，DEHP を含む15種類の化合物が REACH 規則で最初の「高懸念物質（候補）」として公表された[9)]。同年2月に EU 委員会が「DEHP はリスク管理の必要がない」と安全宣言を行ったことは前述したが，驚くことにわずか4カ月後には REACH 規則において「高懸念物質（候補）に該当する」と相反する判断を下したのである。高懸念物質に選択されたことで世界の可塑剤業界や産業界は大きく反論，パブリックコメントを EU 化学品庁に提出したが，その後高懸念物質となり，最終的に2009年5月に「認可対象物質」に指定され[10)]，DEHP の欧州での使用は「原則禁止」となった。

REACH 規則で主力可塑剤である DEHP が規制対象になったことを受けて，アジア，米国などで「塩ビが使われなくなるのでは？」と大きな反響となっている。この問題は可塑剤だけの問題に留まらず，塩ビ業界あるいは塩ビを使用する自動車・家電・住宅など多くの産業に対してこれから多大な影響を及ぼすであろう。環境規制では通常，その地域（国）だけを規制対象としたが，REACH 規則は製品の流通経路（サプライチェーン）をも巻き込んだ規制であるので，EU 地域だけの問題ではなくなってくる。

日本には自動車・家電などを製造する多国籍企業が存在するが，その製品中には塩ビが含まれていることが少なくない。多国籍企業が各国の規制をどう捉えるかはそれぞれの企業判断によると思われるが，世界各地に製品を輸出したり，世界各地での生産活動を行っていることを考えると「世界の一番厳しい地域の規制に適合した製品を生産する」というのが昨今の潮流である。すなわち REACH 規則で規制されているので DEHP の使用は社内でも禁止する方向で考えるのが妥当であり，「近い将来，日本でも規制される可能性も高い」と予測するのが通常の考え方と思われる。最近では自社製品に

「欧州規制物質（DEHP）不使用」などとアピールする日本企業も現れており，今後「環境経営」あるいは消費者の視点から見た企業行動も益々盛んになってくるであろう。

またREACH規則による日米の環境規制への影響も忘れてはならない。日本は化審法，米国はTSCAという環境規制が存在するが，どちらも改正作業を進めるべく動いている。日米の環境規制の改正内容にもよるが，このままではEUの環境規制が結果的にグローバルスタンダードになってしまう可能性も秘めているのである。

5.　考察

欧州可塑剤メーカー2社の企業行動をまとめてみる。DEHPの生産中止という企業行動に関して，OXENO社は「選択と集中」という戦略で臨み，もう1つの汎用可塑剤であるDINPの増強を実施している。次にBASF社は「少しでも安全性が疑わしい製品については製造を中止する」といった「(顧客最重視の）環境経営」という企業理念に基づいた企業行動を起こしている。これは，OXENO社に続き，同社もDEHPの製造を中止すれば，DEHPの供給不足により市場が急激にDINPに傾くだろうという市場予測に加え，DEHPが近い将来，REACH規則で規制される可能性が高いということも想定していたものと考えられる。しかし，DEHPがREACH規則で規制されない可能性がある中で，BASF社がDEHPの製造中止を決断したことに着目したい。BASF社としては，企業理念を優先する企業行動が市場に対してメッセージを発信することのメリットを想定するとともに，同社のDEHP製造中止によって大手欧州企業のDEHP生産がなくなれば，DEHPがREACH規則の規制対象になることを見込んでいたのではないだろうか。

なぜEU委員会で「安全宣言」されたDEHPがREACH規則で規制対象となってしまったのだろうか？欧州可塑剤メーカー2社によるDEHPの製造停

止によって，既に市場はDINPに特化しており，仮にDEHPを規制しても欧州の産業（市場）に大きな影響はないと判断したものと思われる。また化学物質のリスク評価に終わりはなく，不確実な部分をどう判断するかはその国の政策判断によるものが大きい[11)]。REACH規則においては「予防原則」といった概念がその政策判断を後押しし，規制を正当化した可能性が高い。もしBASFがDEHPの製造を止めていなかったら，REACH規則でDEHPが規制されなかった可能性があるのではないだろうか。

6.　結論

新しい環境規制においては，規制内容の先読みや市場に与える影響を考えた企業行動が重要である。企業の戦略立案に際して「規制が今後，どうなるか？」を予測することは重要であるが，単なる「先読み戦略」では見極めに時間がかかり，また競合他社に先んずることが難しい。不確実で不透明な環境規制に対処する企業行動として，「環境経営」といった企業理念やビジョンから方針を決定し行動することが重要であり，それが結果として規制の方向性に影響を与えることがある。本章で取り上げた欧州可塑剤メーカー（BASF社）の事例は「企業の意思決定（企業行動）が，環境規制の内容に影響を及ぼした」例であると言えよう。

欧州の環境規制においては「ニューアプローチ」と呼ばれる産業界や消費者の反応を見ながら法規制を制定するといった手法が今後も取られる可能性が高い。その場合規制と企業行動はお互いに影響を及ぼすことが十分に考えられ，その結果として今後，規制と企業行動はますます共進化していくものと思われる。またREACH規則ではサプライチェーン（流通経路）をも規制したことから，EU規制が今後グローバルな問題へと発展する可能性が高い。また産業界に与える影響だけでなく，日米の環境規制改正に向けた取り組みを誘発するなど，他の地域での政策にまで多大な影響を及ぼしている。多国籍企業はEU規制に今後とも注目し，意思決定を考えるべきであろう。

7. おわりに

本章では，化学物質に関するこれまでの企業の意思決定行動を概観しながら，欧州における化学物質規制の変容（REACH 規則）によって，企業の意思決定がどのように変わったかについて，実例を基に分析，考察を実施した。その結果，科学的な安全性が疑わしく規制対象となる可能がある化学物質に関して，欧州の化学企業は代替品の製造を検討したり，製造中止といった意思決定を行うことで，環境経営をアピールしている。次に REACH 規則と企業の意思決定の関係を分析・考察することにより，「化学物質規制と企業の意思決定は，今後お互いに影響を及ぼしながら進んでいくのではないか」という試論を提示した。

第4章
企業における化学物質マネジメントと意思決定

第2章でREACH規制の戦略的な背景を解き明かし，第3章で実例をもとに企業の意思決定について考察した。本章ではそれらを踏まえ，企業における化学物質管理をどう行うか，意思決定モデルを提案する。

1. はじめに

近年，環境ホルモン（内分泌攪乱物質）やダイオキシンなど化学物質に関する問題がクローズアップされ，化学メーカーは自社製品におけるリスク管理の必要性を認識するようになってきた。また化学物質の問題はサプライチェーンを通じて川上から川中，川下産業に渡って広い範囲に影響を及ぼすために，化学物質の管理は化学メーカーのみならずユーザーや最終消費者にとっても重要な問題となっている。ここでは化学メーカーにおける化学物質管理を取り上げ，自社製品の安全性が疑われた場合における意思決定プロセスモデルを提案する。

1.1 研究目的

ここでは自社製品の安全性が疑われた場合における企業の意思決定について，意思決定プロセスのモデルを提案し，欧州可塑剤メーカーの事例で検証を試みたい。すなわち，本研究では「自社製品の安全性が疑われた場合，化学メーカーはどのような情報をもとに，どのような意思決定を行うべきか？」というテーマについて，リファレンスモデルを提案することにより，意思決定を行うにあたり重要と考えられる項目が何であるかを考察することを目的とする。

1.2　先行研究と本章の課題

企業における化学物質管理の取り組みについては，これまでいくつかの研究がある。森（2004）は社内における自主的な管理システムを構築することを提案し，増田（2005）は科学的知見の充実や人材育成が必要であると主張している。また神園（2005）は化学物質管理における評価指標として，ハザード評価，暴露評価，リスク評価，リスク管理を提案し，Science 軸（科学的基盤に関する軸）Capacity 軸（人材・組織の能力に関する軸）Performance 軸（活動の実績及び取引関係者との連携や社会への情報公開の実施状況に関する軸）といった評価軸で考察を行っている。

しかし自社が製造している化学製品の安全性が疑われた場合，ステークホルダーに対して科学的なリスクの説明だけでは，必ずしも十分とは言えない可能性がある。その場合，化学メーカーはどのような情報をもとにどのような意思決定を行うべきであろうか？化学メーカーにおける自社製品の化学物質管理は様々な問題を含んでおり，個別の問題だけではなく，全体を俯瞰的に捉える必要がある。仲（2006）は「複雑な問題を解くためのアプローチを計画し，実行し，さらに改善していく一連の流れをシステマティックに組み立てて実行する学問」として，統合学を提案している。統合学ではデータの論理的解釈に留まらず，意思決定過程をモデル化し，（技術）情報基盤を用いて様々な思考（シナリオ）をシミュレーションし，選定することを目的としている。そして得られた知見を戦略的なマネジメントと結びつけて活用する仕組みとして展開しようとするものである。これらに関連した研究として，熊谷（2002）は統合学の概念を用いたビジネスモデルを提示し，また平尾（2003）は化学プロセスのデザインに関してLCA（ライフサイクルアセスメント）を初期の段階から取り入れることの重要性を指摘している。菊池（2009）はリスクベースの意思決定に関して階層化モデルの提案を行い，評価項目を設定することの重要性を主張している。また研究開発において評価指標別に必要となる情報の体系化を試みたもの（Adu et al., 2008）（杉山，2008）や存在する化学物質から特に大きいリスクを特定するための分類手法について提案した研究がある（菊池，2013）これらはいずれも化学プロセスを対象として，EHS（環境・健康・安全）といった視点で研究がなされている。化学プラントにおけるプロセス安全に着目したビジネスモデル（Shimada et al., 2010）も提案されており，ここでは評価指標について管理項目で議論している。

これまでの研究は主に化学反応のプロセスや化学プラントの安全管理を対象として行われてきたが，本章で企業が自社製品の代替要求を受けた時の意思決定を行う際に「環境経営指針」「ステークホルダー」「市場」といった要素を評価項目として取り上げることで，企業を対象としたもう少し実際のビジネス（市場）に近い議論を展開することとする。そのためには評価項目として何が考えられるのかについて，以下に検討を行ってみたい。

2.　企業における意思決定モデルの提案

2.1　IDEF0とは

IDEF0は「業務の実態を機能面から捉えて，各業務に対する制約やそこで要求される出力を分析，整理しながら，全体の業務の体系化を行う」ことができる手段として，マネジメントプロセスなどの機能モデリング手法として知られている。図4-1にIDEF0の基本形を示す（島田，2009）。

業務（Activity または Function）の内容だけでなく，業務実行に必要な情報（Input），法規制，社会的要求などの制約（Control），業務実施のための人，モノ，ツールなどの（Mechanism）と業務の結果（Output）に分類し，これらの情報の収集，整理の目的，情報伝達の関係を明示できる。また図4-2に示すように，1つの業務はさらに階層的にサブ業務に展開することも可能である。

従来の業務（マネジメント）分析では「どこで誰が何をしているか？」を

図 4-1　IDEF0 の基本形

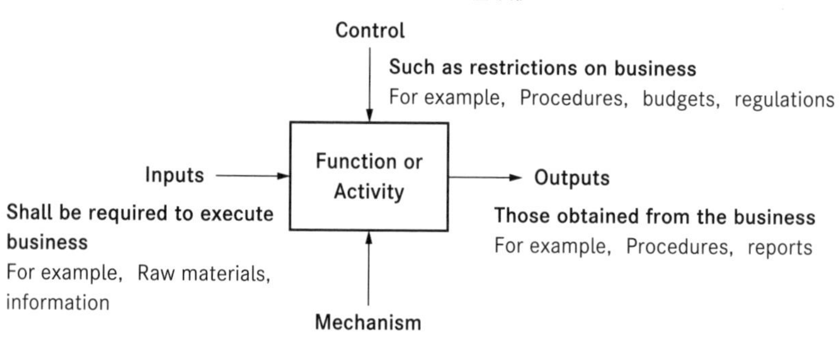

図 4-2　IDEF0 の階層構造

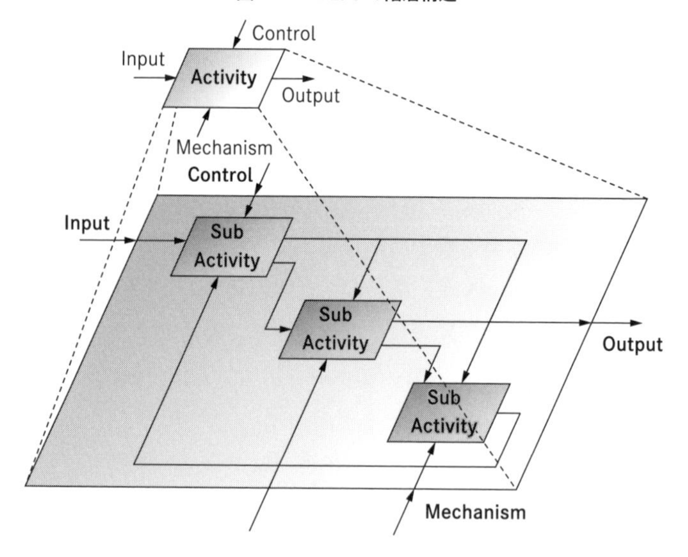

明確にするために，組織に沿った分析が行われてきた。しかし各々の会社には独自の組織構成，管理体制，技術などがあることから，モデルとして一般化することは困難である。しかし IDEF0 を意思決定プロセスのモデル構築に用いることで，意思決定のどこでどのような情報が必要になるかに焦点を当てて考えることができる。

2.2　IDEF0を用いた意思決定モデルの提案

・前提条件

自社製品の安全性が疑われた場合，化学メーカーはどのような情報をもとに，どのような意思決定を行うべきであろうか？　ここでは化学メーカーが，どのような情報をもとに，どのような意思決定を行うべきかを体系的に考えるために，その前提条件を提示する。

濱田ら（2013）は事業継続に関する意思決定について①継続，②状況対応後に継続，③中止といった3つのパターンを状況判断構造として提案している。これらを図4-3に示す。

濱田らの研究は事業を対象としたものであるが，既存製品の安全性が疑われた場合の意思決定について同様に考えてみると，①既存製品の製造・販売を継続する，②状況対応後（新製品の製造・販売を行う，または代替品の購入販売を行う）に継続する，③既存製品の製造・販売を中止するといった3つの意思決定パターンが考えられる。ここでは前提条件としてこの3つの意思決定パターンを採用し，議論を展開することにする。

次に意思決定プロセスにはどのような段階があり，それぞれどのような情

図4-3　事業継続に関する意思決定

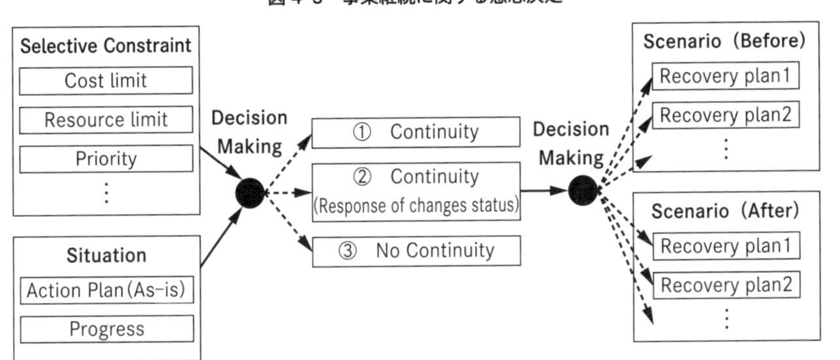

報が必要であるのかを見つけるために，本章ではIDEF0（Type-Zero method of Integrated Definition for Functional model）というモデリング手法を採用した。IDEF0を用いたのは，意思決定モデルの構造がどういった形をしているのかを統一的なモデルで記述するためであり，アクティビティだけでなく，やりとりする情報も明確にした上で構造化が可能となるためである。ここで3つの意思決定パターンで重要と考えられるのが，継続（既存製品）と代替（新製品）である。既存製品については，現在ユーザーに販売を行っているというビジネス事情を考えると，製造中止といった決断はすぐにできるものではない。よってここでは3つのパターンのうち製造中止を除く，製造継続と代替の2つの意思決定を行う場合について，どの段階でどういった情報が必要となり，どのような意思決定がなされるのかについて，それぞれの内部構造について掘り下げてみることにする。

・意思決定モデルの提案

①トップアクティビティ

ここでは自社製品の安全性が疑われた場合における企業の意思決定プロセスモデルについて，IDEF0を用いて以下に提案する。ここでの視点は化学メーカーに所属している従業員（トップマネジメントを含む）であり，トップアクティビティ A0を図4-4に示す。

トップアクティビティ A0ではInputから自社製品が入り，Outputから新製品あるいは製造継続の方針や製造中止の方針が出ていく。ここでは他社からの転売も視野に入れると，InputとOutputの両方でOEMサプライヤーといった項目も考えられる。また当該製品についての意思決定を行うための製品関係者もInputから入るものと思われる。Controlとしては自社の環境経営方針，安全性や環境に関する法規制，化学物質の安全性情報などが考えられる。昨今ではステークホルダーのマネジメントや法規制や市場がこれからどうなるかといった将来予測，あるいは評価軸をどう設定するかということも意思決定においては重要な項目と考えられる。Mechanismとしては会社

図 4-4　意思決定モデルにおけるトップアクティビティ A0

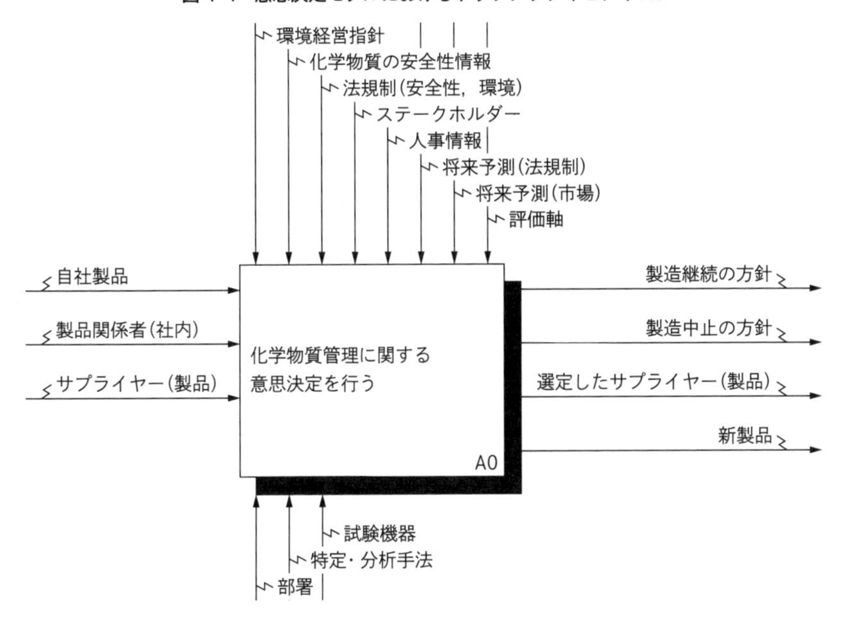

のどの部署がどの段階で対応すべきかといった項目に加え，性能や安全性といった項目を評価するための手法や試験機器などが考えられる。ここで自社製品とは化学製品（化学物質）を指し，具体的には添加剤（可塑剤）のようなものを想定している。すなわち他の材料と化学反応を起こさないものである。また会社組織（部署）としては品質保証部（製品の品質や法規制への登録や対応を実施する），法務部（法規制に対する解釈及び対応を実施），研究開発部（研究及び開発を実施），営業部（販売及びマーケティング活動を実施），トップマネジメント（経営幹部）を考え，前提としている。

②アクティビティモデル（A1～A5）

化学物質の代替要求が起きた時の企業の意思決定に関するアクティビティモデルを図 4-5 に提案し，それぞれの役割を以下にまとめる。

前提条件で述べたように，ここでは①既存製品の製造・販売を継続する，

図 4-5　化学物質の代替要求が起きた時の意思決定に関するアクティビティモデル

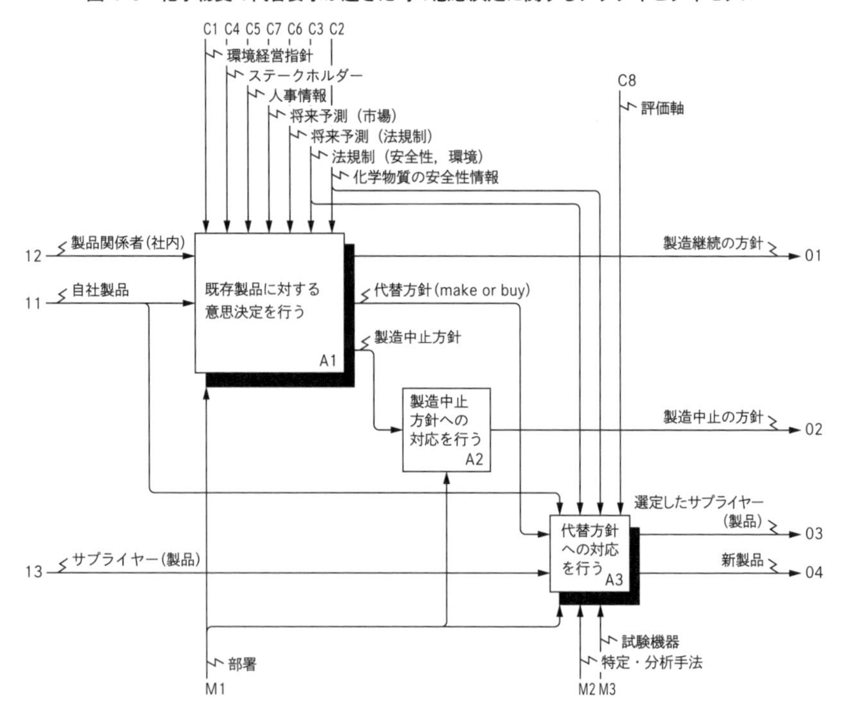

②状況対応後に継続する（新製品の製造・販売を行う，または代替品の購入販売を行う）③既存製品の製造・販売を中止するといった3つの意思決定パターンを前提として議論を展開することにする。

A1：既存製品に対する意思決定を行う

ここでは既存の自社製品に対して，自社の環境経営方針，安全性や環境に関する法規制，化学物質の安全性情報に加え，将来予測（ステークホルダー，法規制，市場）といった項目に基づいて，社内の各部署が安全性や性能評価を行うことにより，意思決定を行うことで製造継続の方針や製造中止の方針，あるいは新製品（OEM含む）が出力される。

A2：製造中止方針への対応を行う

ここではA1から出力されてくる製造中止方針への対応を行う。前提条件の通り，製造中止については深堀しない。

A3：代替方針への対応を行う

ここでの代替方針は2通りあり，自社で製造を行うケースと他社品を購入転売するケースである。A1から出力されてくる代替方針（自社製造あるいは購入転売）に対して，法規制（安全性，環境）代替物質の安全性情報，評価軸に基づいて，社内の各部署が各種試験や評価を実施することによって，代替への対応を行う。出力としては代替方針の対応を行うことによって得られた新製品あるいは選択されたサプライヤーから購入，転売を行う製品が考えられる。ここではある評価軸（A3のControl）が必要となってくるが，まだ何か具体的には分からないので，事例を通して検討してみたい。

前提条件において，ここではA1（継続）とA3（代替）について議論することにした。よってA1とA3における内部構造を深堀りするために，それぞれサブアクティビティを展開した。A1のサブアクティビティを図4-6に示し，以下に説明する。

A11：法規制への対応を行う

安全性が疑われている自社製品について，まずは法規制（安全性，環境に関する規制）への対応が可能かどうかを考える。ここでは法規制に加えて，環境NGOや監督官庁（規制当局）などのステークホルダーの意見に基づいて，企業の法務部や品質保証部といった部署が主に判断を実施する。法規制への対応が可能であれば，次に自社の環境経営指針への対応が可能かどうかを考える（A12）現在，製造販売している製品であるので，環境経営指針への対応を考える前に製造継続の方針を出したり，併せて代替案の検討（A16）を行うこともある。法規制への対応が不可能であれば，監督官庁への働きかけを行う（A14）また監督官庁への働きかけを行う前に，危機管理

図 4-6　A1 のサブアクティビティ

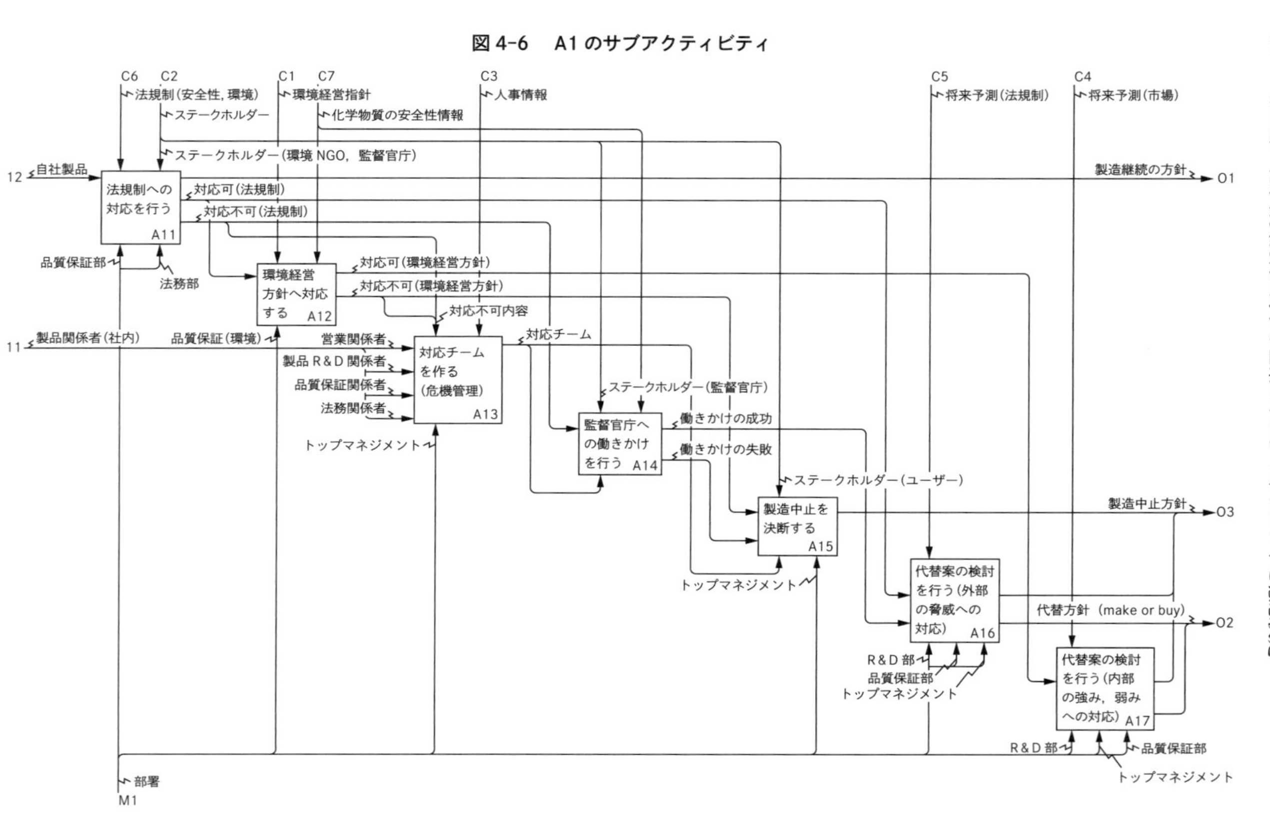

チームを社内で発足させる必要がある（A13）。

A12：環境経営方針への対応を図る

法規制への対応が可能の場合，次に自社の環境経営方針への対応が可能かどうかを考える必要がある。ここでは自社の環境経営指針あるいは自社が所有している製品（化学物質）の安全性情報に基づいて，主に品質保証部が判断を実施する。環境経営指針に対応が可能な場合は代替案の検討（A17）を行い，不可能な場合は監督官庁への働きかけを行う（A14）。

A13：危機管理対応チームを作る

監督官庁への働きかけを行うために，ここでは危機管理に対する対応チームを作る。対象となるメンバーは製品関係者であるが，特に製品R&D関係者，品質保証関係者，法務関係者が考えられる。ここでは社内の人事情報に基づいて，トップマネジメントがメンバーを人選して，危機管理対応チームを作る。

A14：監督官庁への働きかけを行う

自社製品に対する法規制への対応が不可能と判断された場合，自社が所有する化学物質の安全性情報に基づいて危機管理チームが監督官庁への働きかけを行う。働きかけが成功した場合は次に代替案の検討（A16）を行い，失敗した場合は製造中止を決断するかどうかの判断を行う（A15）。

A15：製造中止の決断を行う

ここでは自社の環境経営指針への対応が不可能な場合や監督官庁への働きかけが失敗した場合，ステークホルダー（特にユーザー）の意見に基づいて，トップマネジメントが製造中止の方針を判断する。ここでは法規制への対応及び自社の環境経営指針への対応がどちらも不可能といった事情を鑑みると，たとえユーザーから製造継続の要望があったとしても，トップマネジメントは製造中止の方針を出さざるを得ないと考えられる。

A16：代替案の検討を行う

法規制への対応が可能な場合や監督官庁への働きかけが成功した場合，法規制などの将来予測に基づいて社内のR&D部，品質保証部，トップマネジメントが代替案を検討する。代替方針の場合は自社で製造する場合と他社から購入販売する2つのケースが考えられる。将来，当該製品分野における法規制が強化されるといったことが予測される場合は，製造中止の方針を打ち出す場合もある。ここでは代替案の検討を行うが，主に外部（社外）に対する脅威への対応を念頭に置いている。

A17：代替案を検討する

ここでは自社の環境経営指針への対応が可能な場合，市場動向などの将来予測に基づいて社内のR&D部，品質保証部，トップマネジメントが代替案を検討する。A16と同じく，代替方針の場合は自社で製造する場合と他社から購入販売する2つのケースが考えられる。将来，当該製品分野におけるマーケットが大幅に減少するといったことが予測される場合は，製造中止の方針を打ち出す場合もある。ここでもA17と同様に代替案の検討を行うが，主に内部（社内）の強みや弱みへの対応を念頭に置いている。

次にA3のサブアクティビティを図4-7に示し，以下に説明する。

A31：代替品を提案する

ここでの代替方針は2通りあり，自社で製造を行うケースと他社品を購入転売するケースである。A31では自社で製造を行うケースを仮定している。A1から出力されてくる代替方針（自社製造あるいは購入転売）に対して，法規制（安全性，環境）や代替物質の安全性情報に基づいて，社内のR&D部，品質保証部といった部署が代替品の化学構造及び試作品のリストを提案する。

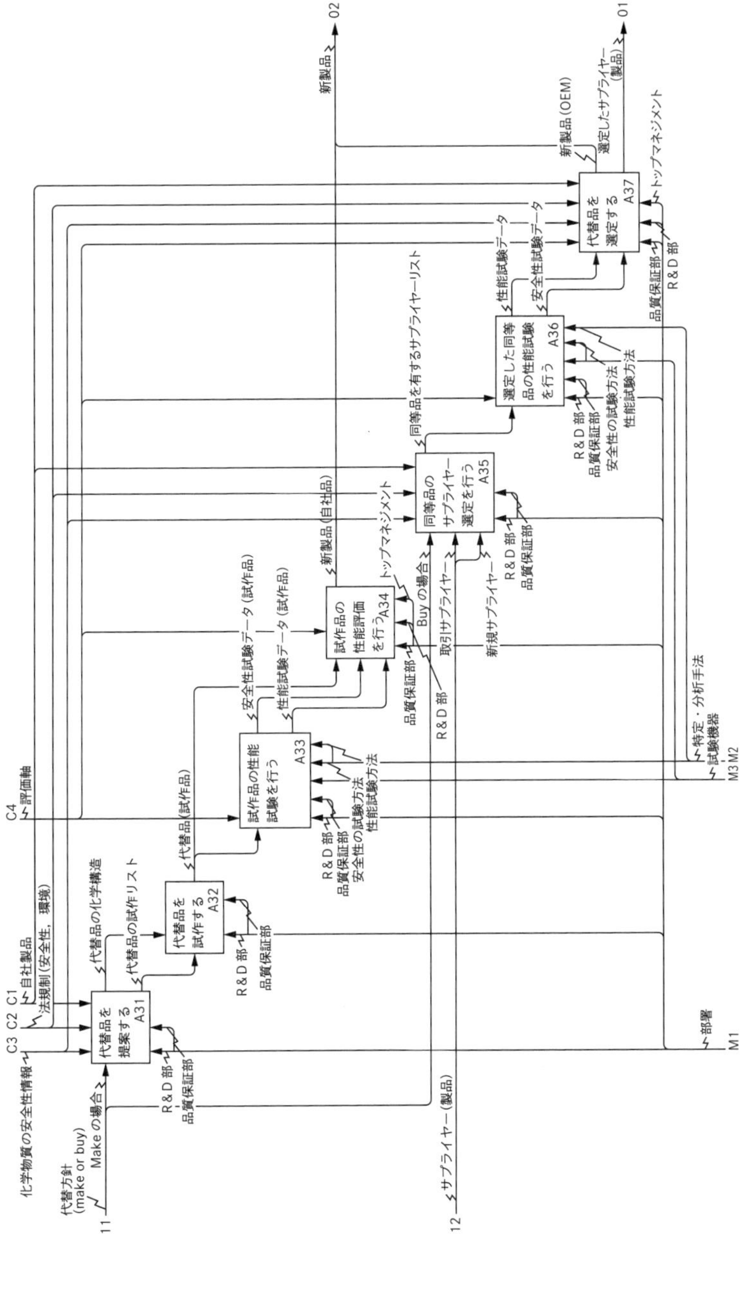

図4-7　A3のサブアクティビティ

A32：代替品を試作する

ここでは代替品の試作リストについて，その化学構造に基づき，社内のR&D 部や品質保証部といった部署が代替品の試作を行う。

A33：試作品の性能試験を行う

ここでは得られた試作品について，評価軸に基づいて社内の R&D 部，品質保証部といった部署が性能試験を行う。製品（化学物質）の安全性試験については，他社（専門機関）に依頼するケースが多い。

A34：試作品の性能評価を行う

ここでは得られた性能試験データと安全性試験データに対して評価軸に基づき，社内の R&D 部，品質保証部といった部署が性能試験を行い，トップマネジメントが最終判断を行う。ここで出力されるのは既存製品の代替品という位置付けになるが，自社にとっては新製品となる。

A35：同等品のサプライヤー選定を行う

A3 における代替方針は 2 通りあり，自社で製造を行うケースと他社品を購入転売するケースである。ここでは他社品を購入転売するケースを仮定している。ここで同等品とは，既存品と化学構造が似ている化合物を指す。通常，代替品を考える場合は，まずは構造が類似している化合物から検討を行っていく手法が取られることが多い。またサプライヤーとは化学品を販売している化学メーカーや商社を指す。ここではサプライヤーが所有している製品について，法規制（安全性，環境）や当該製品の安全性情報に基づいて社内の R&D 部，品質保証部といった部署が，同等品を有するサプライヤーの選定を行う。

A36：選定した同等品の性能試験を行う

ここでは同等品を有するサプライヤーリストについて，評価軸に基づいて社内の R&D 部，品質保証部といった部署が性能試験を行う。製品（化学物質）の安全性試験データについては，サプライヤーが所有しているケースが多い．

A37 代替品を選定する

ここでは得られた性能試験データと安全性試験データに対して，評価軸に基づき社内のR&D部，トップマネジメントが代替品を選定する。ここで出力されるのは購入販売品という位置付けになるが，自社にとっては新製品となる。

・提案された意思決定モデルのレビュー

前節では自社製品の安全性が疑われた場合における企業の意思決定モデルをIDEF0を用いて提案した。IDEF0を作成したことで明らかとなった問題点について，以下に考えてみたい。

①将来予測

既存製品に対する意思決定を行う（A1）ために，これまでは外部要因（法規制）や内部要因（市場）を考えるのが一般的であった。しかし法規制や市場に関する今後の動向についてそれぞれ将来予測を行い，意思決定の方針を決定するということも必要となってくるのではないか？

②評価軸

代替案を考える場合，既存品に比べて性能は少なくとも同等以上で，価格が安い製品を模索するのが一般的と思われる。性能や価格以外に，新しい評価軸として何が考えられるだろうか？

③必要な組織とその役割

企業が意思決定を行うためには，どのような役割をもつ組織が必要となってくるのか？これはこれまでの組織とどう異なるのか？

3.　事例を用いた意思決定プロセスの検討

次に前節で提示した意思決定モデルの検証を試みるために，欧州における可塑剤メーカーの事例を以下に紹介する。

3.1　可塑剤と安全性問題

可塑剤とはプラスチック，主に塩化ビニール樹脂を柔らかくする配合剤である。代表的な可塑剤であるDEHP（ジー2-エチルヘキシルフタレート）は50年以上前から製造され，日本で年間約13万トン，世界では年間350万トン以上が消費されている。軟質塩化ビニール製品であるフィルム，ホースやバッグなどには可塑剤が重量比で約30%以上配合されており，DEHPは我々の暮らしの中で必要不可欠な化学物質である。

1997年に『Our Stolen Future（奪われし未来）』が出版され，多くの化学物質が「内分泌攪乱物質（環境ホルモン）ではないか？」と疑われた。その化合物リストの中にDEHPも含まれていたため，欧米日の政府機関や産業界がDEHPの安全性試験を行った。その結果，2007年には日本政府，2008年には欧州委員会が安全性に問題がないことを公表し，この問題は沈静化した。2008年に欧州では新しい化学物質管理規制（REACH規則）が施行されたが，2009年にDEHPは最初の高懸念物質（規制対象候補物質）に選定された。

3.2　事例紹介

このような経緯を踏まえ，欧州の可塑剤メーカー4社の意思決定プロセスを以下に紹介する。

①Arkema社

Arkema社はDEHPの2つの原料（無水フタル酸と2-Ethyl-Hexanol）を

所有しているという優位性もあり，古くからDEHPを大量に製造してきた。1990年後半に環境NGOなどからDEHPの安全性が疑われた時でも，自社の安全性データを用いて欧州当局に対してロビー活動を実施することで，規制化を免れている。可塑剤DEHPはコスト，性能の面で一番優れており，これまで長い間顧客に大量消費されてきたこともあり，同社はDEHPの製造を継続していくというスタンスを変えず，また新製品を開発するといった選択肢も考えていなかった。2009年にREACH規則においてDEHPが高懸念物質（規制対象候補物質）に指定されたことを受けて，規制当局への働きかけや環境NGOへのロビー活動の実施を行うべく，外部からコンサルタントを招き，社内で対応チームを作成した。

図4-4のトップアクティビティを用いて同社の意思決定プロセスを説明すると，Inputとして自社製品が入力され，Outputとして製造継続の方針が出力される。またA0のサブアクティビティ（A1）では製造中止や代替といった方針は打ち出さず，既存品の製造を継続する方向で意思決定を進めている。また図4-6に示したA1のサブアクティビティモデルにおいては法規制への対応（A11）が可能と考え，既存品の製造を継続する方針を打ち出している。またREACH規則においてDEHPが高懸念物質に指定されたことを受けて，外部のコンサルタントを招いて社内で対応チームを作成（A13）している。また監督官庁への働きかけも既に実施（A14）しており，既存品の製造継続方針を採用すると同時に，将来の法規制に対する対応も試みている。

②Evonik-Oxeno社

同社はDEHPとDINP（ジーイソノニルフタレート）を製造していた。1990年代後半に環境NGOなどからDEHPの安全性が疑われたことを受けて，自社の環境経営方針に基づいて2004年にDEHPの製造を中止し，同時にDINPの製造能力の増強を行った。DINPの原料であるINA（イソノニルアルコール）は製造可能なメーカーが世界で限られており，入手が困難である。同社はDINPの原料であるINAのメーカーと良好な関係にあり，INAの数量をこれまで以上に独占して供給して貰えるという，他社に比べて優位なポジションにあった。このことが同社の「選択と集中」という戦略を選んだ要因である。

図 4-4 のトップアクティビティを用いて同社の意思決定プロセスを説明すると，Input として自社製品（DEHP 及び DINP）が入力され，Output として製造中止の方針（DEHP）及び製造継続の方針（DINP）が出力される。また A0 のサブアクティビティ（A1）においても，製造中止の方針（DEHP）及び製造継続の方針（DINP）が打ち出される。A1 のサブアクティビティ（A11）においては，法規制に対応可能と判断された DINP に関しては製造継続の方針が出され，法規制での対応は可能（A11）であったが，自社の環境経営指針（A12）には対応出来なかったこともあり，トップマネジメントによる製造中止の方針（A15）が出されて製造中止となった。

③BASF 社

BASF 社も過去 30 年以上に渡って DEHP を製造してきた。1990 年代後半に環境 NGO などから DEHP の安全性が疑われたことを受けて，同社は 2005 年に DEHP の製造を中止した。これは「安全性の疑わしい化学物質の製造・販売は行わない」といった自社の環境経営指針に基づいた決定であった。DEHP の製造中止に関して代替品の製造は行わず，安全性の高い新製品の開発に取りかかった。そして 2010 年に新製品として DINCH（1, 2-シクロヘキサンジカルボン酸ジイソノニルエステル）を上市した。上市するにあたりユーザー，環境 NGO，規制当局といったステークホルダーに対する説明を実施している。DEHP に比べて DINCH は可塑剤としての性能が劣り，価格も高いものとなっているが，より安全性の高い製品（化学物質）というのが同社の宣伝材料となっている。

図 4-4 のトップアクティビティを用いて同社の意思決定プロセスを説明すると，Input として自社製品が入力され，Output として製造中止の方針及び

新製品が出力される。また A0 のサブアクティビティ（A1）では，製造中止や代替といった方針が打ち出されている。A1 のサブアクティビティ（A11）においては，既存品の法規制への対応は可能と判断したものの，自社の環境経営指針（A12）には対応が不可能と判断され，トップマネジメントによって製造中止の方針が出されている（A16）。次に代替品であるが，既存品の法規制への対応は可能（A11）と判断し，次に代替案の検討（A16）を行っている。ここでは法規制が将来どうなるかといった将来予測に基づいて，代替方針（自社製造あるいは購入転売）を決定している。

続いて得られた代替方針に対して，A3 では法規制，化学物質の安全性情報，評価軸に基づいて代替方針への対応を実施する。次に A3 のサブアクティビティについて，事例をもとに説明する。BASF 社の代替方針は自社で製造を行うケースであるので，代替品の候補物質について A31 で提案を行い，A32 で試作，A33 で性能試験を実施し，安全性データと性能試験のデータが得られている。次に A34 で性能評価が行われ，同社の新製品である DINCH は DEHP に比べて相対的に安全性は高いが，可塑剤としての性能が劣り，価格も高いことが分かった。代替品を考える場合，コストも重要であるが，少なくとも性能は既存品と同等以上で，より安全性の高い製品を考えるのが一般的である。すなわちこれまでは性能，安全性，コストといった項目が A33 から A36 における評価軸（Control）と考えられ，特に性能は重要な項目であった。しかし BASF 社の事例では既存品（DEHP）より性能が劣るが，より安全性が高いといった位置付けの新製品（DINCH）を開発，上市した。

④Eastman 社

Eastman 社も古くから DEHP を製造してきた。1990 年後半に DEHP の安全性が疑われた時には，米国の可塑剤工業会と連携してロビー活動を実施している。2000 年代に入り，DEHP に内分泌かく乱物質の疑いが持たれ，再度 DEHP の安全性が問題視された。このことを受けて Eastman 社はより安全性の高い新製品を開発することを決定した。すなわち同社の主力製品であるDEHPの製造を継続しながら，新製品を開発するという方針であった。将来，仮にDEHPが規制されたり，顧客から忌避された場合でも新製品を開発し，市場に投入することでビジネスのリスクを回避できるという戦略である。2012年に同社は新製品としてDOTP（ジーオクチルテレフタレート）を上市した。DOTPはDEHPに比べて安全性は高いが，可塑剤としての性能が劣り，価格も高い。同社DOTPを上市するにあたり，ユーザー，環境NGO，規制当局といったステークホルダーに対する説明を実施し，製品の安全性についてのアピールを実施している。

図4-4のトップアクティビティを用いて同社の意思決定プロセスを説明すると，Inputとして自社製品（DEHP）が入力され，Outputとして製造継続の方針（DEHP）及び新製品が出力される。またA0のサブアクティビティ（A1）においても，製造継続の方針（DEHP）及び新製品が打ち出される。A1のサブアクティビティ（A11）においては，法規制に対応可能と判断されたDEHPに関しては製造継続の方針が出され，同時に代替案の検討（A16）も行っている。続いて得られた代替方針に対してA3では法規制，化学物質の安全性情報，評価軸に基づいて，代替方針への対応を実施する。次にA3のサブアクティビティについて，事例をもとに説明する。Eastman社は自社で製造を行うケースであるので，代替品の候補物質についてA31で提案を行い，A32で試作，A33で性能試験を実施し，安全性データと性能試験のデータが得られている。次にA34で性能評価が行われ，同社の新製品であるDOTPはDEHPに比べ，相対的に安全性は高いが，可塑剤としての性能が劣ることが分かった。Eastman社のケースはBASF社のケースと同様であり，既存品（DEHP）より性能が劣るが，より安全性が高いといった位置付けの新製品（DOTP）を開発，上市していたことが分かった。

4.　考察

ここでは提案した意思決定モデルに対して，欧州可塑剤メーカーの事例に基づいた考察を行い，最後にまとめを記す。

①Arkema社

同社は自社で既存品（DEHP）の原料を有しており，性能やコストで他の可塑剤に比べ優位性があるDEHPの製造を継続していくという方針を選択した。同社はロビー活動に関してはこれまでに多くの経験と知識があり，安全性に問題はないという主張をステークホルダーに受け入れて貰い，法規制への対応もしっかり行えば，引き続き製造販売が可能であるといった判断を下している。そのための対応チームも社内で結成し，欧州の新しい規制であるREACH規則への対応も試みている。またArkema社の意思決定に関しては，もし今回提示したモデルがあれば，新製品を開発する場合にどのように対応すべきかを整理して考えることが可能であったと思われる。同社はその後，法規制への対応を行ったが，どのように意思決定を行えば良かったのかということも，ここで提案したモデルから考えることも可能であったかもしれない。

②Evonik-Oxeno社

同社はDEHPとDINPの両方を製造していた。DINPの原料入手に関しては他社に比べ優位性を有するので，DINPの製造能力増強を行うと共に，同社の環境経営指針からDEHPの製造を中止した。すなわちDEHPの安全性が疑われた時に，原料事情から代替品の増産を考えたのである。もし今回提示したモデルがあれば，既存品の製造中止を行う場合にどのような項目を考えなければならないかを知ることができる。彼らはDINPの製造継続を決定した時点では将来予測（法規制，市場）については考えていなかったということもあり，もう少し全体を俯瞰した意思決定が可能になったものと考えられる。また新製品を開発する場合についても同様である。

③BASF社

BASF社は自社の環境経営方針に主眼を置き，DEHPの製造中止という意思決定を行った。また安全性の高い新製品を上市することで，ステークホルダーに環境経営をアピールしている。ここでは意思決定後に施行されたREACH規則でDEHPが規制対象物質になる可能性があることやそれが原因による市場の減少といった予測は行われておらず，今回提案したモデルがあればそれらも考えた意思決定が可能となったと思われる。また同社はA3における評価軸として安全性を重要な項目として考えている。代替化を行う場合，性能，価格，安全性のバランスを考えることが一般的である。既存品に比べ性能が劣ったり，価格が高いとユーザーが代替品の検討を行うことを躊躇するためである。しかし化学メーカーが自ら環境経営指針を打ち出している以上，たとえ既存品より性能が劣り，価格が高くても，安全性が高い代替品を上市することが実際に行われたのである。同社の事例から，既存品に対しては規制や市場が将来どうなるかといった将来予測を行うことも必要であり，新製品を開発する際に性能やコストよりも安全性を最優先に考えることがあることが分かった。

④Eastman社

Eastman社は意思決定に関して，既存品の製造継続と新製品の開発という2つを選択した。既存品の製造を継続しながら新製品を開発するといういわばビジネスリスクの分散を行ったものと考えられる。既存品の継続に関してはArkema社と同様に法規制への対応が可能と判断し，意思決定が行われている。新製品の開発に関してはBASF社と同様に性能やコストではなく，製品の安全性に最も重点を置いている。同社に関しても，今回提示したモデルがあれば，既存品の製造中止を行う場合にどのような項目を考えなければならないのかを知ることが出来，全体を俯瞰した意思決定を考えることも可能となったかもしれない。

ここではIDEF0を用いて自社製品の安全性が疑われた場合についての企業の意思決定モデルを提案し，事例分析を行った結果，以下のことが分かった。

①将来予測

既存製品に関しては現行の法規制や自社の環境経営指針への対応を考えて意思決定を行えば良いが，これから法規制や市場がどう変わっていくのかといった項目についての将来予測を行い，意思決定に反映させていくことが，新製品だけでなく既存製品についても必要ではないだろうか。

本章で提案したモデルでは，代替案の検討に関して2つのアクティビティ（A16とA17）を考えている。A16では既存品に関して現行の法規制で対応不可といった判断がなされているので，外部（社外）に対する脅威への対応を念頭に置いている。例えば法規制が今後どう変わっていくのか，例えば自社で開発を予定している代替品はこれからの法規制に対応可能なのかといったものが考えられる。A17では現行の法規制及び自社の環境経営指針への対応も可能であるといった判断がなされているので，内部（社内）の強みや弱みへの対応を念頭に置いている。すなわち既存品が他社に比べて競争優位を発揮できるかどうか，あるいは市場が今度どう変わっていくのかといったものが考えられる。考えられる項目として原料優位（自社原料を有する，他社に比べ原料購入優位性がある）や特許所有（化合物特許，製造特許，用途特許）の有無などがある。また法規制や他社に関する今後の動向を予測することにより市場がどう変わるか推定し，意思決定を行う際の判断材料に用いることが重要である。内部の強みに関してはより強く，弱みに関しては強みに変えていくことが競争戦略の上では重要と考える。

②評価軸

既存製品に対する代替品（新製品）を考える場合，性能やコストよりも安全性を最優先に考える場合がある。性能を優先し，少なくとも性能が同等以上の代替品を考えるのがこれまでは一般的であった。しかし昨今，企業は環境経営を志向し，新製品の開発においても地球環境対応といったキーワードが多用されている。そのような状況を考えるとBASF社やEastman社の事例のように，性能やコストよりも安全性を最重要と考えた製品開発が行われつつあるのかもしれない。これまでにはあまり考慮されなかった評価軸ではないだろうか。

今回の事例で紹介した可塑剤については，添加剤（他の化学物質と混合して使用する）という特性をもつため，他の素材や添加剤と配合して材料設計を行うことが多い。すなわち「他の素材の配合を変更することにより，全体の素材としての性能を向上できる可能性がある」という添加剤としての特徴によってなし得たものなのかもしれない。添加剤以外の化学製品（化学物質）に関しては，今後さらなる検討が必要であろう。

③必要な組織とその役割

会社組織（部署）はこれまで縦割りの組織で別々に職務を果たすことで機能してきたが，今後は部署を横断する組織（危機管理チーム）を作る必要がある。例えば欧州で施行された新しい環境規制であるREACH規則は，ステークホルダーの意見を反映しながら，段階的に政策決定を行うプロセスを採用している。すなわち規制当局，環境NGO，ユーザー，最終消費者，株主といったステークホルダーに対して，環境経営指針や製品の安全性などについて説明を行いながら，マネジメントを実施していく必要がある。そのためには各部署から選出されたメンバーによって対応チームを作り，社内で共通認識が行われた各種情報を共有し，外部へ発信する必要がある。そのような対応チームを準備した会社も存在したと思われるが，特に規制当局への働きかけ，すなわちロビー活動に慣れていない日本の化学メーカーにとっては，欧州化学品庁や欧州議会などへの働きかけが可能となるチーム作りを行うべきと考えられる。なぜなら欧州の環境規制が将来，世界のスタンダードになる可能性もあるからである。

5. おわりに

本章では化学物質管理に関する意思決定プロセスモデルの提案を行った。その結果，企業が意思決定を行うにあたり，将来予測を行うこと，新しい評価軸を考えなければならないことに加え，必要な役割をもつ組織が必要であるということが分かった。今後の課題としては①今回提案したモデルが他の化学物質においても適用可能であるか，②化学以外の分野においても応用が可能であるか，などが挙げられる。今後引き続き事例を積み上げていくことで，より一般化したモデルの考案へと繋げていきたい。

第Ⅲ部

これからの化学物質規制と企業の戦略的行動

第5章

これからの化学物質規制

1. はじめに

近年，化学物質管理政策に対する企業の対応や方法論には限界が見えてきており，新しい社会システムに対する「全体像」や「仕組み作り」といった視点が欠落している。また最近は外部環境の不確実性などから，従来のプロジェクト&プログラムマネジメント[1)]の手法に加えて，創造的統合マネジメントやコミュニケーションチャネルの設定などが必要となっており，これらはP2M version 2.0理論と呼ばれている。また「安全性に関する世界基準の制定」や「持続可能性」といった視点はこれから重要になると思われるが，この視点における研究はあまりなされていない。これからそれをどのように導入していくか，それぞれ単独な手法ではなく統合的なマネジメントが必要であり，プロジェクト&プログラムマネジメントを用いた視点がますます重要となってくる。ここでは実例を紹介しながら，化学物質管理政策のあるべき姿を「全体像」や「仕組み作り」といった観点から，プロジェクト&プログラムマネジメントの手法を用いて考察する。

1.1 研究目的

本章では行政における化学物質政策を「仕組み作り」（プログラムマネジメント）と考え，方法論について議論を展開したい。近年，化学物質管理政策に対する行政の対応や方法論には限界が見えてきており，新しい社会システムに対する「全体像」や「仕組み作り」といった視点が欠落していると考えられる。また最近は外部環境の不確実性などから，従来のプロジェクト&

プログラムマネジメント手法に加えて，創造的統合マネジメントやコミュニケーションチャネルの設定などが必要となっており，これらはP2M version 2.0理論と呼ばれている。ここでは化学物質管理政策モデルについてP2M version 2.0理論の視点で考察を行い，新たな知見を得ることを目的とする。

1.2　先行研究と本章の課題

プロジェクト&プログラムマネジメントは新しい学問体系であり，20世紀に入ってから様々な分野で研究が行われてきた。2001年に日本版プロジェクト&プログラムマネジメント標準ガイドブックが公刊され，そこではP2M version 1.0と呼ばれる概念が述べられている。P2M version 1.0の特色は，経営システムと技術システムを統合する視点から導入されたプログラムマネジメントであり，全体使命のもので複数使命のもとで複数のプロジェクトを有機的に管理する手法が体系化されている。その一般形式として，構想・構築・運営の3つのモデルと各種の問題解決手法が考案されている「日本版プロジェクト&プログラムマネジメント標準ガイドブック（Project & Program Management for Enterprise Innovation）」。その後，2009年にP2M version 2.0のコンセプトが発表された。P2M version 2.0の特徴はマネジメントの領域に限定してきたP2M version 1.0にオーナーの視点（事業主，経営者，組織の長など）を明確にし，全社戦略と実行領域の相互関係と事業価値設計の枠組みを導入していることである。「P2M Version 2.0コンセプト基本指針」（P2M Version 2.0 Concepts Guideline，2009年5月30日）P2M version 2.0は価値創造設計と実行のプロセスにおいて，経営リスクとプログラムオペレーションリスクを識別し，視野に入れたマネジメント手法である（Japanese Project Management − Innovation, Development and Improvement）。ここではP2M version2.0理論が化学物質規制に対しても適用が可能かどうかについて，検討を行うことにする。

2.　理想的な化学物質規制とは

2.1　プロジェクト＆プログラムマネジメントとは

プロジェクト＆プログラムマネジメントの説明を行う前に，プロジェクトとプログラムについての定義を説明する。

・プロジェクト及びプログラムの定義

企業では，企業理念に基づき経営方針（business policy）が策定される。経営方針に従って立案される企業全体の計画を経営計画（business plan）と呼ぶ。経営計画に従う組織業（organizational job）は，定常業務活動（operation job activity）と特命業務活動（mission job activity）に大別される。地域団体のような非営利組織においても営利企業と同様に特命業務活動が存在する。図5-1に定常業務活動と特命業務活動の位置づけを示す[1]。

営利企業や地域団体において，社長や首長（社長や首長のように組織的な最終責任を取る責任者を以下ではオーナーと呼ぶ）の要請を受けて特別のチームを編成し，定常業務活動とは異なる活動を，特命業務活動（プロジェクト）と呼び，以下のように定義される。

プロジェクト：「特定使命を受けて，特定の期間・資源・状況などの制約条件のもとで使命の達成を目指す価値創造活動」

図5-1　定常業務活動と特命業務活動[1]

オーナーの要請を受けて，プロジェクトの遂行責任を負う者をプロジェクトマネジャー，プロジェクトに与えられた使命を達成する管理手法をプロジェクトマネジメントと呼ぶ。特命業務活動の中でも複数のプロジェクトに分割が必要な大規模なものに対しては，以下に示すプログラムの概念が必要となる。

プログラム：「特定使命を実現する複数のプロジェクトが有機的に結合された活動」

プログラムの使命を達成する管理手法をプログラムマネジメントと呼ぶ。プログラムマネジメントは，1つの戦略や方針のもとで複数のプロジェクトを同時に遂行する複雑な多目的型の問題解決手法である。

・プロジェクト＆プログラムマネジメント

特命業務活動の連続的なプロセスをマネジメントする知識体系として，プロジェクトマネジメント標準（PM標準）が普及し，1980年代以降，エンジニアリング産業，建設業，情報システム産業，不動産開発産業などに広く導入されてきた。しかし，PM標準に従った情報システムの構築プロジェクトで多くの失敗が発生した。失敗の主な原因は，発注者と受注者の間の意見調整不足や利害対立が挙げられている。このような利害対立に起因する問題を解決するために，プロジェクト・マネジメント・オフィスが考案された。中小規模のプロジェクトでは，プロジェクト・マネジメント・オフィスの調整効果が認められ，徐々に普及している。プロジェクト・マネジメント・オフィスの普及と並行して，プロジェクトマネジメントの限界を突破する方法としてプログラムマネジメントの研究が行われてきた。

図5-2に日本版プロジェクト＆プログラムマネジメント（P2M）の概念を示す[1)]。P2Mでは特命業務活動を，「構想」段階（スキームモデル），「構築」段階（システムモデル），「運営」段階（サービスモデル）に分割し，それぞ

図 5-2　プロジェクト・プログラムマネジメント[1)]

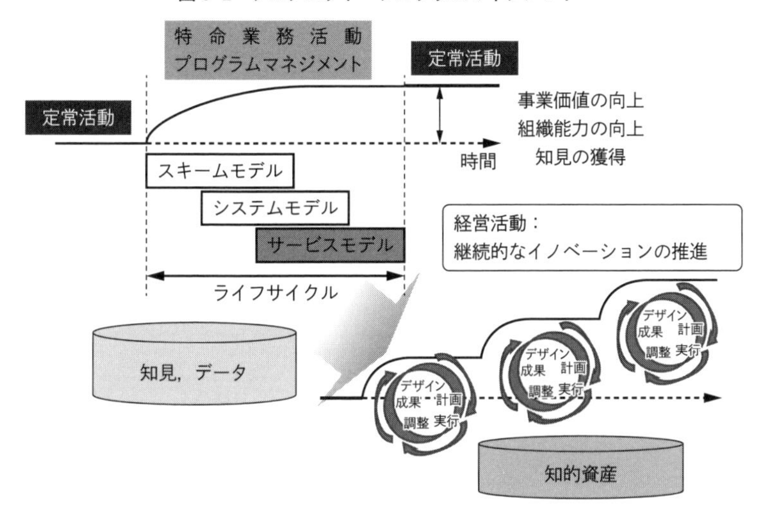

れの相互関係を一体化した統合マネジメントの概念を提供している。プログラムのライフサイクルにわたるマネジメント行動は，デザイン（designing），計画（planning），実行（implementing），調整（coordinating），成果（delivering）の５つのプロセス要素によって規定されている。

図 5-3 に P2M Version 2.0 の枠組みを示す[1)]。外部環境の不確実性に大きく影響を受けるプログラムでは，構想段階で目指した価値を獲得するために，構築と運営段階で状況変化に対応してプログラムの価値を再評価し，リスクを最小化する施策の実行が不可欠となる。

図 5-4 に，PM 標準，P2M Version 1.0，P2M Version 2.0 の関係を示す[1)]。３者の関係は背反するものではなく，バージョンが上がるにしたがって考える範囲が広がる。PM 標準が基本にあり，外部環境に対応して P2M Version 1.0，P2M Version 2.0 の枠組みまで広げて考える必要があるということである。

図 5-3　P2M ver.2.0 の概念[1)]

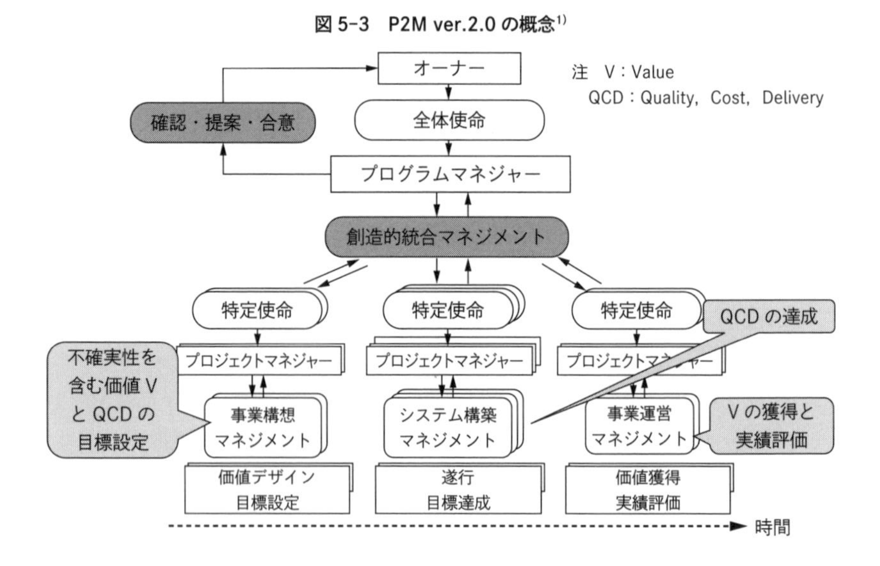

図 5-4　P2M 標準と P2M ver.2.0 の概念の違い[1)]

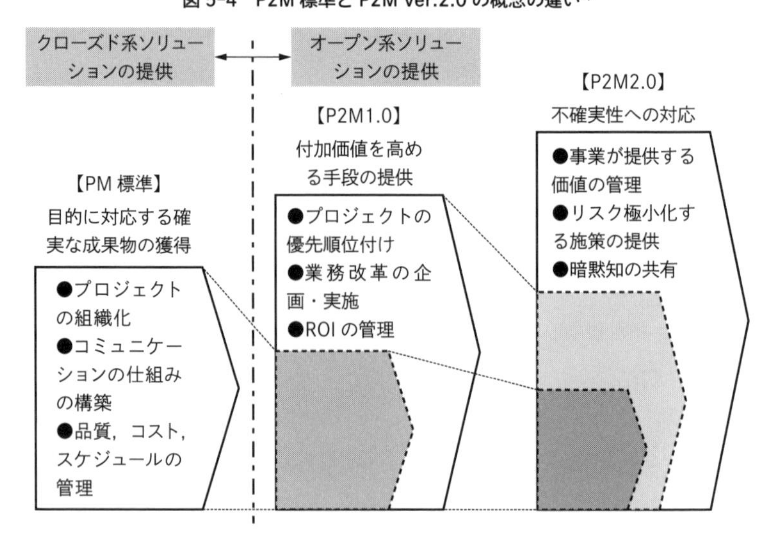

図5-5　特定業務活動のマネジメントリスク[1]

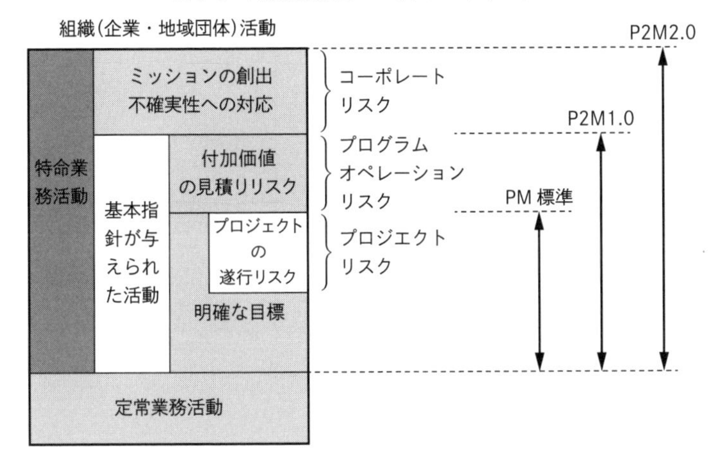

・マネジメントリスクのとらえ方

マネジメントの基本的な考え方は，計画と現実のギャップを埋めることである。特定業務活動のリスクは，図5-5に示すように，主にエンジニアリング的なリスクの「プロジェクトリスク」，プログラムの価値予測誤りに関係する「プログラムオペレーションリスク」，経営環境の変化への対応などの「コーポレートリスク」の3つに分類できる[1]。「プログラムオペレーションリスク」と「コーポレートリスク」の境目は時代と共に変化するので，産業分野や対象プログラムによって異なる。例えば成熟化した産業では，「プログラムオペレーションリスク」と「コーポレートリスク」は経験的に分かっているものが多く，注意深く調査すれば統計的な数字で表すことができる。しかし，全く新しい産業や，従来とは環境条件が大幅に変化した状況（例えば，従来は国内マーケットに閉じていた事業が，突然グローバル展開すべき事業と位置付けられた状況）の，ビジネスリスクは予測が困難で，ミッションの創出部分にまでさかのぼって考える必要がある。

本研究においては，行政における化学物質政策を「仕組み作り」（プログラムマネジメント）と考え，議論を展開したい。近年，化学物質管理政策に

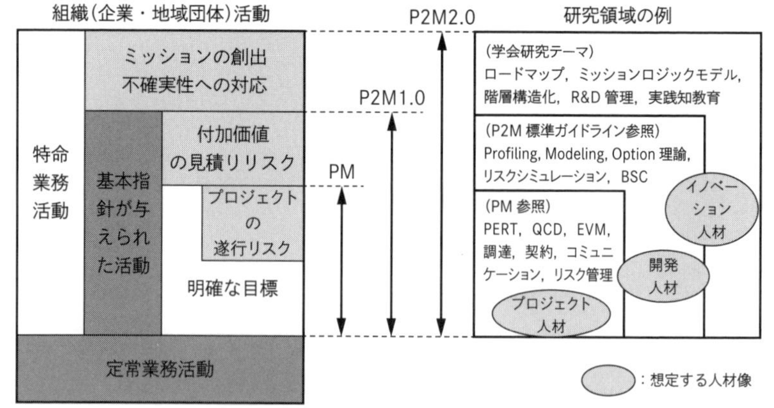

図 5-6　P2M がカバーするリスクの範囲と研究領域の例[1)]

対する行政の対応や方法論には限界が見えてきており，新しい社会システムに対する「全体像」や「仕組み作り」といった視点が欠落していると考えられる。また最近は外部環境の不確実性などから，従来のプロジェクト＆プログラムマネジメント手法に加えて，創造的統合マネジメントやコミュニケーションチャネルの設定などが必要となっている。

2.2　化学物質管理政策の変遷

・公害対策

初期の環境規制は公害（有害物質の排出等）に対する事後政策であった。例えば水俣病（メチル水銀排出）に対して，日本政府は「エンド・オブ・パイプ型」と呼ばれる排出規制を行った。これがいわゆる事後政策と呼ばれるものである。化学物質の安全性に対する科学的知識の不足や安全性評価方法が確立されていなかったこともあり，当時の環境規制は一度起こってしまった公害に対する事後対策が主流であった。

・化学物質管理

その後化学物質について毒性（ハザード）研究や環境への排出（暴露）量などの評価手法が進展し，化学物質の安全性（リスク）に対する総合的な研

図5-7　化学物質のリスク評価と管理

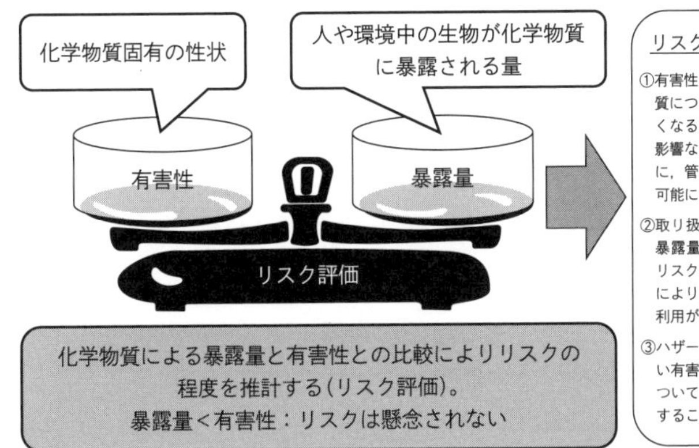

究も進んできた。すなわち化学物質の安全性についてある程度の判断が可能となったことで，環境政策も「公害（化学物質の排出）に対する事後政策」から，「化学物質の安全性評価に基づく事前政策」に変わってきた。農薬などと違って，化学物質は環境中に単独で排出されることが少ないため，これまでは管理の必要性も少なかった。しかし技術の進歩に加えて，社会的要請が高まったこともあり，化学物質のリスクについても重要視されてきたのである。化学物質のリスクは図5-7に示すように有害性（ハザード）と排出（暴露）量の積で表すことができる。

・産業政策の導入

欧州では「化学メーカーが責任を持って自社製品の安全性試験を実施すべき」といった方針をいち早く打ち出し，新しい化学物質規制とも言えるREACH規則がスタートした。REACH規則の特徴を表5-1に示す。

REACH規則では化学物質メーカーは共同で安全性試験を行うことが義務付けられており，「No data，No market」の原則の下で，安全性データがない化学物質は欧州域内への輸入や製造を禁止している。またREACH規則では化学物質の安全性を評価する際に，予防原則という概念を導入している。

表 5-1　REACH 規則の特徴

	キーワード	内容
①	安全性試験	これまで行政側が実施してきた安全性試験を産業界（メーカー）に移行
②	予防原則	科学的な不確実性がある場合は，保護的な処置を講ずることができる
③	産業政策	EU の産業競争力向上を目的とする

予防原則とは「環境に重大かつ不可逆的な影響を及ぼす仮説上の恐れがある場合，科学的に因果関係が十分証明されない状況でも，規制措置を可能にする制度や考え方」である。予防原則を導入することで，これまで安全性が不確実であった化学物質に対する政策判断が可能となったのである。またREACH 規則がこれまでと最も異なる点は，環境政策に産業政策を導入するといった新しい試みを行っているという点である。REACH 規則における産業政策とは「サプライチェーンによる規制」と明記されているが，REACH規則の枠組みの中には競争力委員会という組織があり，政策における意思決定にも関与していると考えられる。

次に化学物質管理政策について，不確実性という視点で再考する。前々節の「公害対策」では公害発生後の政策となるため，不確実性は考えにくい。また前節の「化学物質管理」では化学物質のリスク評価手法の進展により，政策判断が容易になってきた。しかし化学物質の安全性に関しては絶対的な科学的判断基準がないため，安全性が不確実な化学物質に関しての政策判断は容易ではない。その議論に歯止めをさしたのが政策への予防原則という概念の導入であり，予防原則の導入によって化学物質管理政策における不確実性が少なくなってきた。しかし REACH 規則のように欧州では環境政策に産業政策を導入するといった新たな試みが行われたため，環境リスクだけでなく，ビジネスリスクなど他のリスクも考慮する必要が出てきた。すなわち再び不確実性が拡大されたと解釈できよう。

図5-8　環境規制（化学物質管理）の変遷

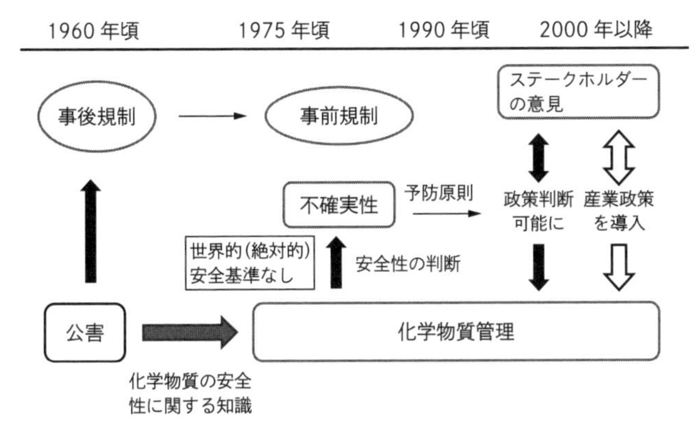

2.3　化学物質管理規制のあるべき姿とは

次に化学物質管理規制のあるべき姿を考えてみる。化学物質の安全性については，科学的なデータに基づき，客観的な判断を行うことが最も重要である。化学物質の安全性はリスク評価（ハザード×暴露量）に基づいて行われるが，世界共通の判断基準が策定されていないので早急に準備する必要があろう。世界的な判断基準がないことから，例えば政府や産業界による安全性試験の実施期間中に消費者が代替物質を選択，その後安全性に問題ないことが分かった時には市場がなくなっていたといった例も少なくない。また化学物質を製造する企業は，自社製品の安全性を担保する必要がある。化学物質の安全性試験には長い年月と多額の費用を要するので，世界のメーカー同士がコンソーシアムを組んで実施すれば費用と時間の削減に繋がる。REACH規則ではあくまでEU域内における製造販売を対象としたコンソーシアムであるが，これを世界的な枠組みにすべきである。またメーカーは自社製品の安全性について，ステークホルダー（特に消費者）に説明することも必要である。また化学製品が石油化学製品である場合，資源の有効性についても考慮する必要がある。すなわち有限である石油資源から如何に大量に有用な化学物質を取得できるかといった資源ベースでの視点である。これは企業の視点だけではなく，消費者なども含んだステークホルダー全体の意見が重要であり，持続可能性といった概念にも通じる。最後に政策であるが，当然のこ

表 5-2　化学物質管理政策のあるべき姿

	視点	基本原則	内容
1	環境科学	科学的な議論で政策判断を実施する	化学物質の安全性はリスク評価（ハザード×暴露）で判断する
2	世界基準の策定	リスク評価に関して世界基準を策定する	リスク評価における世界基準策定（必要があれば定期的に見直し）
3	製造物責任	化学物質の安全性は企業が責任を持つ	企業（世界のメーカー）が連携して，安全性試験を実施する
4	ステークホルダーへの説明	メーカーによる化学物質の安全性説明	化学物質の安全性についてメーカーが説明する
5	持続可能性	資源有効性	石油化学製品など資源が限定される製品は資源の有効利用
6	政策論	環境規制と産業政策は分けて政策制定	環境科学ではなく，自国の産業が優位な政策決定がなされる可能性がある

となから環境政策と産業政策は分けて考えるべきである。環境政策に産業政策を導入すると，自国の産業保護あるいは他国に対する競争力優位といった観点で政策決定が行われる可能性が高くなり，環境政策で最も重要である科学的な議論が機能しなくなってしまうのである。

3.　欧州における化学物質管理政策

3.1　REACH 規則における規制対象事例

ここでは REACH 初の規制対象物質の 1 つである「フタル酸（ジ-2-エチルヘキシル）（DEHP）」について取り上げ，以下に規制対象となった経緯を紹介する。DEHP は塩化ビニル樹脂に柔軟性を付与するための添加剤であり，世界で年間 200 万トン以上も消費されている石油化学製品である。1997 年に出版されたコルボーンらによる著書『奪われし未来』[2] において DEHP は内分泌撹乱物質として疑われたため，DEHP について安全性（リスク）評価が世界中で行われた。DEHP の欧州主要メーカー 2 社は「（世界的な判断基準がない中で）安全性試験データから，安全を主張するのは困難」と判断，OXENO 社は DEHP の製造を中止すると共に代替物質である「フタル酸

(ジイソノニル)」(DINP) の増産を行った。またBASF社は「安全性が立証されていない化学物質は製造販売しない」という環境経営戦略を取った。欧州大手可塑剤メーカー2社がDEHPの製造を停止，うち1社がDINPの増産を図ったことで，欧州域内のユーザーはDEHPからDINPへ代替せざるを得なかった。その結果欧州市場はDINP主体に構造変化したが，これは欧州特有の現象であった。その後世界各国で安全性（リスク）評価の結果が公表され，日本においては「リスクの懸念なし」，欧州においても2008年に「通常の使用条件下では，リスクに問題なし[3]という判定がなされた。2007年に欧州でREACH規則が施行され，2008年には欧州化学品庁が最初の「規制対象候補物質（高懸念物質，15物質)」を公表[4]したが，その中にDEHPが含まれていた。欧州委員会はDEHPのリスクは問題なしと公表したにも関わらず，DEHPを規制対象としたのである[5]。これは欧州市場が既にDINP主体に構造変化したためにDEHPを規制しても影響は少ないと欧州化学品庁が判断したからと推察される。その後2011年2月にDEHPは認可対象物質に制定され，欧州域内では原則使用禁止となっている。

3.2　EU域外の反応

欧州でREACH規則が施行され，日米の化学物質政策も動き出した。日本は化学物質審査規制法（化審法），米国は有害物質規制法（TSCA）の改正を開始したが，いずれもREACH規則に類似した内容となっている。ただどちらの改正もREACH規則のように環境政策に産業政策を導入しておらず，これはそれぞれの国の文化や政策の相違によるものと考えられる。表5-3に日米欧における化学物質政策の地域的相違について記す。これからEUの政策

表5-3　化学物質政策の地域別相違

	判断根拠	規制の程度	背景	主導
欧州	科学	強い	ステークホルダーの発言力の強さ	政府
米国	科学	弱い	訴訟社会	産業界
日本	科学	やや強い	国際整合性	政府

がグローバル化する可能性も否定できないが，自社製品を世界中に輸出しているグローバル企業は既に欧州の環境規制に対応しており，結局 REACH 規則がユーザー企業側から見たグローバルスタンダードになる可能性が大きいと考えられる。

4.　考察

・あるべき姿とありのままの姿に関する考察

本章では化学物質管理政策の変遷を辿りながら，化学物質管理政策のあるべき姿（モデル）について提案した。ここで提案した化学物質管理政策モデルについて，P2M の視点で考察を試みたい。2.3 節で述べた「あるべき姿」はあくまで理想に近いモデルであるが，現状の「ありのままの姿」は各国々によって異なる。表 5-2 に化学物質管理政策における「あるべき姿」に必要な 6 つの項目を掲げたが，例えば日本の化学物質審査規制法（化審法）や米国の有害物質規制法（TSCA）については「環境科学」と「政策論」の 2 つの項目がそれぞれ該当し，科学的な議論で政策判断を実施しているものの，全体的な視点が欠けている。また欧州の REACH 規則については「環境科学」，「製造物責任」，「ステークホルダーへの説明」の 3 項目が該当するが，環境政策に産業政策を導入することで，政策による差別化を試みている。環境政策と産業政策は元々別次元のものであり，もしある地域で 2 つの政策を融合するのであれば他の地域においても対抗措置としてそうすることが望ましい。しかしそれは環境政策の本質とかけ離れたものになる。また「安全性に関する世界基準の制定」や「持続可能性」といった視点はこれから重要になると思われるが，現在のところはあまり考えられていない。これからそれをどのように導入していくか，それぞれ単独ではなく統合的なマネジメントが必要であり，P2M の視点がますます重要になってくると思われる。

・P2M version2.0 の視点からの考察

P2M version 2.0 理論は化学物質管理政策モデルにも当てはめることがで

きると考えられる。化学物質管理政策における外部環境としては企業，消費者，環境NGOなどのマルチステークホルダーが考えられ，また不確実性に関しては化学物質の安全性評価に対する不確実性と環境政策に産業政策を融合したことに対するビジネスリスクなどの不確実性が存在する。図5-4にPM標準，P2M 1.0とP2M 2.0の関係を示したが，ここで不確実性への対応項目として「事業者が提供する価値の管理」「リスク極小化する施策の提案」「暗黙知の共有」が挙げられている。これを表5-2で提案した化学物質管理政策モデルでは「製造物責任（メーカーによる安全性試験の実施）」「化学物質政策における基準制定」「ステークホルダーへの説明」といったようにそれぞれ置き換えることができるのではないだろうか。もちろん違う解釈も存在するであろうが，不確実性に対応するといった目的意識は共通であり，同じ方向を目指したアプローチ手法であると考えられる。ここではP2M version2.0理論が行政（化学物質管理政策）に対しても適用可能であるといった概念の拡張を試みることができたと考える。

5.　結論

本章ではIDEF0という工学的なツールを使用して，企業の意思決定プロセスをto-beモデルで提示した。また化学物質規制のあるべき姿について，プロジェクト&プログラムマネジメント（P2M）の視点で考察した。その結果，不確実性への対応項目として「製造物責任（化学物質メーカーによる安全性試験の実施）」「化学物質の安全性に関する世界基準の策定」「ステークホルダーへの説明責任」が重要であることが明らかとなった。

6.　おわりに

本章では欧州の環境規制REACH規則を取り上げ，化学物質管理政策のあるべき姿を「全体像」や「仕組み作り」といったプロジェクト&プログラムマネジメント（P2M）の視点で考察を行った。P2M理論の発展形である

P2M version2.0 理論と化学物質管理政策についても取り上げ，P2M version2.0 理論が化学物質管理政策に対しても適用可能であり，また概念の拡張を試みることができたと考えられる。今回は P2M version2.0 理論の概念整理と事例研究からの化学物質政策モデルについての適用可能性を検討したが，具体的な方法論（プロファイリング）については言及できなかった。今後の課題としたい。

第6章

企業の戦略的行動

1.　はじめに

これまで環境規制と企業行動に関する議論を展開してきた。時代の流れと共に環境規制が変容しつつある昨今，企業は環境規制に対してこれまでの受動的な姿勢でなく，プロアクティブな姿勢で臨む必要があるだろう。そのためにはどのような戦略を取れば良いだろうか？それが本章の目的である。

2.　企業の戦略的行動

例えば化学物質に関する規制を考えてみると，以前は公害が発生した後に政府が規制を行うといった「事後規制」が主体であった。その後化学物質の安全性評価に関する知見が増えたことによって「リスク評価」と呼ばれる「化学物質の安全性と環境中への暴露量を考慮した概念」を取り入れた規制に変わってきた。しかし最近はリスク評価の概念に加え，予防原則といった概念の導入に加えステークホルダーを意識した規制が採用され，ますます複雑化している。

予防原則の導入やステークホルダーの意見が採用された規制の導入によって，一度決まってしまった規制を覆すことは非常に困難なことである。すなわち自社の製品が規制対象になってしまった場合，それを回避することは至難の業である。そのような状況の中で，企業は自社製品（例：化学物質）に関してどのような対策を取り，自社の戦略に反映させていけば良いのであろうか？

例えば以下の２つの対策が考えられる。

①政策立案段階で潰してしまう

政策が立案される段階で，ステークホルダー（政治家，消費者団体，業界団体など）から規制当局に対して意見を申し入れ，その意見を反映して貰うというプロセスである。政策立案のプロセスは国や地域によって異なるので，必ずしも有効でない場合もある。

②ロビー活動を行う

規制そのものを変えることは難しいが，規制の一部についてステークホルダー（政治家，消費者団体，業界団体など）からロビー活動を行う。その結果，細則の変更や適用除外といった規制内容の一部変更に繋がるケースも散見されている。

3.　事例紹介

企業の戦略的行動の１つとして，規制に対するロビー活動がある。ここではロビー活動について，２つの事例を紹介する。いずれもRoHS指令に関するものなので，まずはRoHS指令について説明を行い，その後で事例を紹介する。

3.1　RoHS指令とは

RoHS指令（ローズ指令）とは，電気・電子機器などの特定有害物資の使用制限に関するEU（欧州連合）の法律である。2003年2月に最初の指令（通称：RoHS1）が制定され2006年７月に施行。2011年７月に改正指令（通称：RoHS2）が施行されている。RoHSとは，「Restriction of Hazardous Substances」の頭文字をとったもので，日本語では「有害物質使用制限指令」とも呼ばれている。

RoHS 指令では，有害物質として6物質が定められ，EU に上市する電気・電子機器において使用制限がかけられている。6物質とは「鉛，水銀，カドミウム，六価クロム，PBB（ポリ臭化ビフェニル），PBDE（ポリ臭化ジフェニルエーテル）」で，各物質 1000ppm を超える量を含む製品は EU 域内で上市できない。これら6物質はランプ，乾電池，プリント基板，はんだ，インクなどの身近なものに使われている[1)]。

3.2　事例1（鉛）

2000 年頃の薄型テレビの主流は「プラズマテレビ」と「液晶テレビ」であった。当時，プラズマテレビは大画面化が可能という利点があり，多数の製品が日本国内で販売されていた。しかしプラズマテレビの基幹部であるプラズマ・ディスプレー・パネル（PDP）には鉛が使用されており，EU へ輸出する場合は RoHS 指令の適用対象となることが懸念されていた。RoHS 指令には適用除外という項目があり「規制対象の6物質を含む製品であっても，代替不可能であれば用途を限定して使用を認める」ということになっている。

プラズマ・ディスプレー・パネル（PDP）には 1000ppm 以上の鉛が使用されているので，このままでは EU にプラズマテレビを輸出することができない。そこで日本の業界団体（JEITA：電子情報技術産業協会）は在欧日系ビジネス協議会（JBCE）などと連携し，欧州委員会に対してロビー活動を実施した。そのプロセスを以下に記す。

① EU の窓口である DG（Directory General）に適用除外項目を申請
② DG が業界関係者を招集して審議を行い，TAC（Technical Adaptation Committee）に提出
③ TAC が諮問機関に評価を依頼

④ その結果を受けて，TACが審議，議決
⑤ この時点で発効に至らなかった場合は，欧州議会の環境理事会に提出し，審議を行う

ここでDGとは欧州委員会の中に位置する組織で，「総局」とも言われている。またTACは「技術適合委員会」と言われ，加盟国の代表が参加して申請の適合性を審議する組織である。

産業団体によるロビー活動の結果，RoHS指令で鉛を使用したプラズマ・ディスプレー・パネル（PDP）が適用除外の対象となることが決まった。申請から2年を要したが，欧州内でプラズマテレビを製造，販売することが可能となったのである。欧州には欧州委員会を始めとして，選挙で代表者が決まる欧州議会，加盟国の代表が参加するEU理事会などがあり，複雑かつ多様な行動による利害関係者のせめぎあいによって，政策が決定されると言われている。その影響が今回のプラズマ・ディスプレー・パネル（PDP）の適用除外申請に関しても見受けられたという[2)]。

3.3　事例2（可塑剤）

2008年12月に出されたRoHS指令改正案に対して，欧州議会環境委員会のラポーターから修正草案（Annex Ⅳ）が出され，その中の禁止物質としてフタル酸エステル類が収載された。しかしその修正草案に対して，日本の可塑剤工業会（JPIA），欧州化学工業連盟（CEFIC），米国化学工業連盟（ACC），日本プラスチック工業連盟，在欧日系ビジネス協議会（JBCE）といった産業団体などが反対意見を強く主張したことによって，この原案は最終的に否決された。最終的に修正妥協案（Annex Ⅲ）が提出され，2010年6月に欧州議会環境委員会で投票が行われ，賛成55，反対1，棄権2といった結果で，この修正妥協案が採択された。修正妥協案ではフタル酸エステル類を規制はしないものの，優先評価対象物質として，今後も継続して評価を行うこととなった。よって2006年7月に施行されたRoHS指令は，2011年7

月に改正 RoHS 指令（俗称 RoHS2：2011/65/EU）に置き換わった[3)]。

RoHS 指令の改正後，フタル酸エステル類が再び規制対象となる可能性が

表 6-1　RoHS2 指令の一部改正（制限物質が 6 物質から 10 物質に拡大）

<table>
<tr><td rowspan="2"></td><td>RoHS1
（2002/95/EC）</td><td colspan="2">RoHS2
（2011/65/EU）</td><td colspan="2">RoHS2
（2011/65/EU）
＋（EU）2015/863</td></tr>
<tr><td>2006/7/1～
2013/1/2</td><td colspan="2">2013/1/3～
2019/7/21</td><td colspan="2">2019/7/22～</td></tr>
<tr><td>対象製品</td><td>カテゴリ 1～7，10</td><td colspan="4">カテゴリ 1～11（全ての電気電子機器）</td></tr>
<tr><td>適用除外用途
(Exemption)</td><td>Annex</td><td colspan="4">Annex Ⅲ（RoHS1 Annex）
Annex Ⅳ（カテゴリ 8，9 のみ）</td></tr>
<tr><td>RoHS 適合
証明方法</td><td>言及なし</td><td colspan="4">CE 適合宣言書及び技術文書作成保管</td></tr>
<tr><td rowspan="12">制限物質
及び
最大許容濃度
(ppm)</td><td colspan="3">6 物質</td><td colspan="2">10 物質</td></tr>
<tr><td colspan="2">鉛</td><td>1000</td><td>鉛</td><td>1000</td></tr>
<tr><td colspan="2">水銀</td><td>1000</td><td>水銀</td><td>1000</td></tr>
<tr><td colspan="2">カドミウム</td><td>100</td><td>カドミウム</td><td>100</td></tr>
<tr><td colspan="2">六価クロム</td><td>1000</td><td>六価クロム</td><td>1000</td></tr>
<tr><td colspan="2">ポリ臭化ビフェニル類（PBB類）</td><td>1000</td><td>ポリ臭化ビフェニル類（PBB 類）</td><td>1000</td></tr>
<tr><td colspan="2">ポリ臭化ジフェニルエーテル類
(PBDE 類)</td><td>1000</td><td>ポリ臭化ジフェニルエーテル類
(PBDE 類)</td><td>1000</td></tr>
<tr><td colspan="3" rowspan="4"></td><td>フタル酸ビス（2-エチルヘキシル）
(DEHP)</td><td>1000</td></tr>
<tr><td>フタル酸ブチルベンジル
(BBP)</td><td>1000</td></tr>
<tr><td>フタル酸ジブチル
(DBP)</td><td>1000</td></tr>
<tr><td>フタル酸ジイソブチル
(DIBP)</td><td>1000</td></tr>
</table>

あることを踏まえ，再度世界中の産業団体がロビー活動を展開していた。しかし最終的に4種類のフタル酸エステルが規制対象候補となり，制限物質（用途別に認可を必要とする物質）というカテゴリー内で追加物質として規制化された[4)]。

4.　おわりに

ここではRoHS指令に関する2つのロビー活動の例を紹介した。RoHS指令はEUの法規制であるので，EU内の政策に関する最新情報や動向をいち早く情報収集すると共に，現地の産業団体や消費者を含むステークホルダーに働きかけや交渉を行うことのできる組織の存在がより重要となってくる。今回の事例では，電気・電子業界では電子情報技術産業協会，化学業界においては可塑剤工業会といった団体が活躍しているが，いずれも在欧日系ビジネス協議会（JBCE）との連携や協力が功を奏したと言えよう。

ベルギーにある在欧日系ビジネス協議会（JBCE）は経済産業省の機関であり，EU当局や各産業団体とも友好な関係を構築している。日系企業であれば日本政府（経済産業省），業界団体（国内外の業界団体），消費者団体（国内外）と連携し，ロビー活動を展開するといったプロアクティブな行動を積極的に行っていくべきである。さらには政策が施行される前の段階で政策立案に参画したり，意見を申し入れることが望ましい。そのためには常日頃から世界各国の政策立案を注視し，海外の業界団体と連携しておくことが非常に重要である。ほとんどの日本企業は「法律は政府が作るもの」「法律は守るもの」といった考えを持っており，ロビー活動という文言は「反社会的なもの」というイメージを持っているようである。

在欧日系ビジネス協議会（JBCE）の初代事務局長の藤井敏彦氏によれば，「日本企業はルールに対して基本的に受け身だ。ルールは政府が作るものという意識であるため，ルールの変化に迅速に対応することを初動とする経営姿勢が染み込んでしまっている。結果，ルールを構想する段階から能動的に参画する意識が欠落し続けている。一方，欧米企業はより良い世界を形作る上で，ルールは常に革新されていくものであるという前提に立ち，企業と政府の立場に関係なく，あるべきルールを議論することは責務であるといった認識を持っている」と述べている[5)]。

関係する規制当局や利害関係者が多岐に渡り，広範なステークホルダーのマネジメントを行う必要があり，企業はそれを行うための経営資源（人，もの，金，情報）を投入すべきである。

終章

1. 本書が明らかにしたもの

本研究では環境規制，特に化学物質規制に対する企業行動について，意思決定や製品マネジメントという視点から，実例をもとに分析及び考察を行った。

本研究のオリジナリティーは以下の通りである。

① 化学物質規制　化学物質規制に「予防原則」を適用した効果を明らかにした。
② 化学物質規制と企業の意思決定　新しい化学物質規制に関する欧州企業の意思決定手法を解析した。また化学物質規制と企業の意思決定との関係を分析した。
③ 企業における製品マネジメント　化学工学的手法を用いて，企業の意思決定プロセスのモデル化を行った。また俯瞰的な視点から化学物質管理を考えるために，プロジェクトプログラムマネジメントの視点から，化学物質規制のあるべき姿を明らかにした。

2. 今後の課題

今後の課題としては，本書で提案された意思決定モデルの妥当性のさらなる検証などが挙げられる。本書中の各章の課題について，以下にまとめてみた。

第2章「予防原則を用いた化学物質規制」では化学物質規制に産業政策を融合した欧州 REACH 規則の取り組みや「予防原則」といった新しい概念を規制に適用することの効果について，実例をもとに分析・考察を行った。化学物質規制に「予防原則」を適用する場合は不確実性を判断するためにいくつかの段階を経ながら政策決定プロセスが進行していくが，そのようなプロセスにおいては規制化の方向に進む可能性があることを，欧州 RoHS 指令や REACH 規則を実例に用いて明らかにした。今後の課題としては，（REACH 規則以外の）他の化学物質規制において予防原則を適用した場合の効果がどうなるかといった点などが挙げられる。しかし予防原則を明文化したのは現時点で REACH 規則のみであるので，今後の研究が待たれる。

第3章「化学物質規制と企業のリスクマネジメント」では，化学物質規制が変容したことで企業の意思決定（リスクマネジメント）がどのように変わったかについて，実例を基に分析，考察を実施した。その結果，科学的な安全性が疑わしく規制対象となる可能性がある化学物質に関して，欧州の化学企業は代替品の製造を検討したり，製造中止といった意思決定を行っていた。次に REACH 規則と企業の意思決定の関係を分析・考察することにより，「化学物質規制と企業の意思決定は，今後お互いに影響を及ぼしながら進んでいくのではないか？」という試論を提示した。これは REACH 規則が始まって間もないこともあり，該当する事例が少ない理由でまだ試論の段階であるが，これからの化学物質規制と企業の意思決定を考える上で，示唆に富むものと考えられる。今後の課題としては（REACH 規則以外の）産業政策を取り入れた化学物質規制について，今回提案した試論が適用可能かという点がある。産業政策を取り入れた化学物質規制は現時点では REACH 規則のみとなっているので，今後の研究が待たれるところである。

第4章「企業における化学物質マネジメントと意思決定」では，企業における化学物質管理について統合的あるいは俯瞰的な視点でマネジメントを行う仕組みを提案した。ここでは俯瞰的な視点を導入するために統合化工学という化学工学的な手法を用いて，企業の意思決定プロセスについてモデル化を提案している。ここでは意思決定に必要な機能，情報クラスを分類した上で，意思決定プロセスのどこでどのような情報が必要であるかを提示したという点が統合化工学における情報基盤の提案を行ったことになり，学術的な貢献と言える。今後の課題としては，今回提案されたTo-Beモデルが一般的な化学物質管理の議論に適用可能か，あるいは化学以外の製品分野に適用可能であるか，などが挙げられる。

第5章「これからの化学物質規制」では，化学物質規制のあるべき姿についてプロジェクトプログラムマネジメント（P2M）の視点から考察した。その結果，日本と米国の化学物質規制は科学的な議論に基づき政策判断を実施しているが全体的な視点が欠けており，欧州（REACH規則）においては環境政策に産業政策を導入することで，政策の差別化を図っていることが分かった。また本論文における「不確実性」という語彙に関しては，「化学物質の安全性に関する判断結果がどうなるか」という規制の不確実性と「環境政策に産業政策を導入することによる影響がどう出るか？」という2つの不確実性が存在するが，これらへの対応項目として「製造物責任（化学物質メーカーによる安全性試験の実施）」「化学物質の安全性に関する世界基準の策定」「ステークホルダーへの説明責任」が重要であることを本書にまとめた。今後の課題としては，外部環境の不確実性に対するステークホルダー間の合意形成やサスティナブル・プロジェクトマネジメントへの応用などが考えられる。

第6章「企業の戦略的行動」では，企業は環境規制に対してこれまでの受動的な姿勢でなく，プロアクティブな姿勢で臨むべきであるということを事例を上げて紹介した。そのためには関係する規制当局や利害関係者に対するマネジメントを行う必要があり，企業はそれを行うための経営資源（人，もの，金，情報）を投入すべきであることを主張した。今後の課題としては，規制に対するプロアクティブな行動についての一般化や類型化，その効果などに関する研究を行う必要が必要である。まだまだ時間を要するが，体系化を行うことができれば，1つの研究分野としてさらなる発展が期待される。

あとがき

本書は筆者の博士学位請求論文をもとに大幅に加筆修正したものである。私は元々化学企業の研究者として社会人生活をスタートしたが，その後開発，営業，海外駐在（マーケティング，管理），管理（技術，開発，品質保証，製品安全）などの業務を担当しているうちに，様々な問題意識を持つようになり，それらを解決すべく2007年に社会人大学院（博士課程）に入学した。当初の興味・関心は「研究開発のグローバル化」「多国籍企業の海外マネジメント」であったが，なかなか研究の焦点が定まらず，その頃業務で携わっていた「欧州の環境規制に対する自社製品のロビー活動」を深堀りして，博士論文の研究テーマとすることになった。当時は業界団体の代表として日本政府（経済産業省，欧州連合日本政府代表部）や国内の業界団体（日本化学工業協会，塩ビ食品衛生協議会）海外の業界団体（ECPI：欧州可塑剤・中間体協議会，ACC：米国化学工業協会，中国可塑剤工業会）などと連携を行いながら，欧州や米国の化学物質規制に対するロビー活動を行っていた。通常の業務に加えて，世界中を飛び回りながら業界団体の活動をこなし，その合間に博士課程の学生として研究を行うといった状況で，本当に寝る暇もない毎日だった。

そのため博士論文の執筆には，相当の時間を費やすこととなってしまった。実務を通じて様々な問題意識は持っていたが，それを学術的な視点で捉え直す構想力，分析力，方法論など，全てにおいて自分の能力の未熟さを思い知ることとなった。博士論文としての分析枠組み（フレームワーク）を構築するのに時間がかかり，目的としていた理論化や体系化にはなかなか達することができなかった。現時点においても研究者としてはまだまだ初心者の域を超えておらず，これからより一層自己研鑽を行っていく必要があると考えている。私は本書の執筆を終え，ようやく研究者としてのスタートラインに立てたといった状況かもしれない。

本書の執筆にあたり，お世話になった多くの先生方，調査にご協力いただいた方々にこの場を借りて御礼申し上げたい。博士課程1年生の時からご指導を頂いた東京工業大学大学院イノベーションマネジメント研究科の田辺教授（現 東京工業大学名誉教授）からは，アカデミアとして必要なスキルや論文の書き方などを学ばせて頂いた。また色々な視点でアドバイスを頂いたおかげで，3つの異なる学会誌に論文を掲載することができた。また東京農工大学大学院工学府の亀山秀雄教授（現 東京農工大学名誉教授）からは，技術経営や化学工学，プロジェクトマネジメントといった視座から多くのご指導を頂いた。

研究に対する厳しい姿勢や研究者としてのあるべき姿を勉強させて頂き，厳しい中にも温かいご指導を頂いたおかげで，学位を取得することができた。また東京工業大学大学院イノベーションマネジメント研究科の先生方，東京農工大学工学府応用化学専攻の先生方にも重ねて御礼を申し上げたい。学位審査のみならず，中間審査，各種発表会や研究会などで色々なご指導や示唆を頂いたおかげで，この研究が進捗したと考えている。また研究を進めるにあたり，調査やインタビューに協力頂いた全ての関係者の方々に御礼を申し上げたい。

また博士論文では執筆していなかった第6章に関しては，一橋大学大学院イノベーションマネジメント・政策プログラムに入学してからの研究である。ご指導を頂いた一橋大学大学院経営管理研究科イノベーションマネジメント・政策プログラムの青島矢一教授，江藤学教授，和泉章教授（現：経済産業省）を始め，お世話になった先生方に御礼申し上げます。

本書は兵庫県立大学の出版助成により，出版の運びとなった。このような機会を与えてくれた兵庫県立大学に深く感謝致します。最後に出版をご快諾下さいました文眞堂の前野弘太氏，皆様に深く御礼申し上げます。

2021 年 1 月

永里賢治

注

序章

1）増田優（2007）『化学物質を経営する―供給と管理の融合―』化学工業日報社。

第Ⅰ部　第1章

1）増田優（2007）『化学物質を経営する―供給と管理の融合―』化学工業日報社。

第2章

1）REACH 規則：欧州連合における人の健康や環境の保護のための欧州議会及び欧州理事会規則。環境省「REACH の概要」（http://www.env.go.jp/chemi/reach/reach/reach_outline.pdf）。

2）予防原則（Precautionary principle）：「人の健康（または環境）に係るリスクの存在または程度に関し不確実性がある場合には，共同体機関は，かかるリスクの存在及び深刻性の程度が完全に明らかになるまで待つことなく，保護的措置を講ずることができる」（欧州委員会，2000）（http://ec.europa.eu/dgs/health_consumer/library/pub/pub07_en.pdf）。

3）CMR 物質：EU 危険物質指令（67/548/EEC）における発がん性，変異原性または生殖毒性のある物質の総称。

4）認可対象物質：EU 域内で使用時に用途認可が必要となる化学物質（http://www.chemical-net.info/pdf/eu_list_20110117_en.pdf）。

5）RoHS 指令：電気・電子機器に含まれる特定有害物質の使用制限に関する欧州議会及び理事会指令，Directive 2002/95/EC（http://eur-lex.

europa.eu/LexUriServ/LexUriServ.douri=OJ:L:2003:037:0019:0023:en:PDF)。

6）欧州議会「環境，健康，食品安全委員会（2010年6月2日）」で，欧州議会ラポーター（Jill Evans議員）の審議案が賛成多数で可決（http://www.spectaris.de/uploads/tx_ewscontent_pi1/Evans_Report_02_06_10.pdf）。

7）付属書Ⅲ（制限物質）ROHS指令改正時における追加候補物質（http://j-net21.smrj.go.jp/well/rohs/column/100611.html）。

8）付属書Ⅳ（優先評価物質）：RoHS指令改正時における追加候補物質（http://j-net21.smrj.go.jp/well/rohs/column/100611.html）。

第Ⅱ部　第3章

1）環境省「REACHの概要」（http://www.env.go.jp/chemi/reach/reach/reach_outline.pdf）。

2）環境省（2003）「平成15年度第1回内分泌撹乱化学物質問題検討会」（資料8-2）。

3）欧州委員会（2008）「リスク低減に係る委員会勧告2008/98/EC及び委員会情報（2008/C34/01）」。
「精巣毒性に関してげっ歯類を用いた試験ではポジティブ（陽性）と判定されているが，一般公衆にリスクを及ぼす事はなく，この物質を管理する上で如何なる措置も講じる必要がない」

4）欧州主要可塑剤メーカーは可塑剤原料（アルコール）をも有しており，その一部は他の可塑剤メーカーにも原料として外販している。外販量が極めて少ないという背景もあり，ここでは議論を単純化するために自社原料（アルコール）を全て該当する可塑剤（DEHPまたはDINP）の製造に消費したという仮定のもとで製造能力を概算している。

5）現在のEVONIK OXENO社を指す（http://corporate.evonik.com/en/Pages/default.aspx#）。
OXENO社はその後DEGUSSA社，EVONIK社に買収され，現在の社名になっている。

6）筆者がOXENO社（ドイツ）訪問時のインタビューに基づく（2009年4月23日）。
「もし欧州でDINPが売れ残っても，潜在重要のある中国に輸出すれば問題ない。また原料購入で優位性を発揮出来るので，DINPを増強した」

7）筆者がBASF社（ドイツ）訪問時のインタビューに基づく（2009年4月24日）。
「世界最大の化学企業として，環境経営に最も力を入れている。消費者のイメージが悪化してしまった化学物質（DEHP）の安全性をデータで立証するのは難しい」

8）ECPI（欧州可塑剤・中間体協議会）資料，2009年4月20日，可塑剤3極会議
ここで「DINP/DIDP」という表記があるが，相対的にDINPの量が少ないこともあり，議論を単純化するためにDIDPの量をカウントせず，「DINP/DIDP」=「DINP」と概算している。

9）欧州化学品庁（ECHA），「高懸念物質（候補）」をホームページ上で発表，2008年6月30日。

10）欧州化学品庁（ECHA），「認可対象物質」をホームページ上で発表，2009年5月26日。「DEHPを含む7物質をREACHで最初の認可対象物質とする」。

11）植田和弘，森田恒幸（2003）「環境政策の基礎」岩波講座 環境経済・政策学 第3巻，岩波書店。第6章「環境政策と国際関係」（城山英明）pp.161-188。
「環境規制においてリスク評価は重要な要素と言われており，リスク評価の基礎となる科学的知識には常に科学的不確実性が付きまとっている。この残された不確実的な領域をどれだけ深刻な問題と考えるかは，政治的な判断となる」

第Ⅲ部　第5章

1）P2M Version2.0 コンセプト基本指針（http://www.iap2m.org/pdf/p2mconcept200906.pdf）。

2）シーア・コルボーン，ダイアン・ダマノスキ，ジョン・ピーターソン・マイヤーズ（1997）『奪われし未来』翔泳社。

3）欧州委員会（2008）「リスク低減に係る委員会勧告 2008/98/EC 及び委員会情報（2008/C34/01）」。

4）欧州化学品庁（ECHA），「高懸念物質候補」をホームページ上で発表，2008年6月（http://echa.europa.eu/consultations/authorisation/svhc/svhc_cons_en.asp）。

5）欧州化学品庁（ECHA），「認可対象物質」をホームページ上で発表，2011年2月（http://europa.eu/rapid/pressReleasesAction.do?reference=IP/11/196）。

第6章

1）https://sustainablejapan.jp/2017/08/05/rohs-directive/27715

2）『日経エコロジー』2006年7月号，p.29。

3）『可塑剤インフォメーション』No.24，平成22年9月発行 p.5。

4）（官報）EU 2015/863。

5）國分俊史，福田峰之，角南篤（2016）『世界市場で勝つルールメイキング戦略』朝日新聞出版。

参考文献

序章

増田優（2007）『化学物質を経営する―供給と管理の融合―』化学工業日報社。

第Ⅰ部　第1章

増田優（2007）『化学物質を経営する―供給と管理の融合―』化学工業日報社。

第2章

増田優（2007）『化学物質を経営する―供給と管理の融合―』化学工業日報社。

赤渕芳宏（2008）「予防原則と科学的不確実性―予防原則に関する欧州委員会からのコミュニケーションを中心に」『環境法政策学会誌』No. 10, pp. 161-177。

小島恵（2008）「欧州REACH規則にみる予防原則の発現形態―科学的不確実性と証明責任の転換に関する一考察（1）」『早稲田法学会誌』59（1）, p. 135。

小島恵（2009）「欧州REACH規則にみる予防原則の発現形態―科学的不確実性と証明責任の転換に関する一考察（2）」『早稲田法学会誌』59（2）, p. 223。

増沢陽子（2007）「EU化学物質規則改訂における予防原則の役割に関する一考察」『鳥取環境大学紀要』No. 5, p. 1。

奥真美（2003）「予防原則をふまえた化学物質管理とリスクコミュニケーション」『環境情報科学』, 32（2）, pp. 36-42。

大塚直（2009）「わが国の化学物質管理と予防原則」『環境研究』No. 154, pp. 76-82。
下山憲治（2008）「リスク管理手法の構造とその法的制御」『環境法研究第』No. 33, pp. 139-160。
庄司克宏（2009）『EU 環境法』慶應義塾大学出版会。
谷本寛治（2010）「グローバリゼーションと持続可能性」『国際ビジネス学会第 17 回大会講演要旨集』2010 年 10 月 23 日，北海道大学。
植田和弘・大塚直（2010）『環境リスク管理と予防原則』有斐閣。

第Ⅱ部　第3章

天野明弘，國部克彦，松村寛一郎，玄場公規（2006）『環境経営のイノベーション』生産性出版。
生野正剛，早瀬隆司，姫野順一（2003）『地球環境問題と環境政策』ミネルヴァ書房。
石川勝（1999）「環境政策と企業行動」『慶應経営論集』第 16 巻第 1 号，pp. 105-121。
植田和弘，森田恒幸（2003）『環境政策の基礎』（岩波講座 環境経済・政策学 第 3 巻）岩波書店。
大石芳裕（1997）「日本多国籍企業の環境経営—3 つの報告書の検討—」『経営論集』明治大学経営学研究所，第 45 巻第 1 号，pp. 35-71。
大沼あゆみ（2001）『環境経済学入門』東洋経済新報社。
可塑剤工業会（2008）『可塑剤インフォメーション』No. 22，平成 20 年 6 月発行。
河村寛治，三浦哲男（2004）『EU 環境法と企業責任』信山社出版。
佐和隆光監修，環境経済・政策学会編（2006）『環境経済・政策学の基礎知識』有斐閣。
環境経済・政策学会編（2006）『環境経済・政策研究の動向と展望』東洋経済新報社。
経済産業省（2006）「平成 17 年度 EU 環境政策最新動向調査報告書」平成 18

年3月。
齋藤潔（2006）「化学物質管理に関する海外の動きと取り組み—製品環境規制との統合化—」『電気学会誌』Vol. 126, No. 3, pp. 138-141。
佐々木弘（1997）『環境調和型企業経営』文眞堂。
シーア・コルボーン著，長尾力訳（1997）『奪われし未来』翔泳社。
城山英明（2006）「EUにおける自動車関連環境規制の政策形成・実施過程」『社会科学研究』東京大学，Vol. 57, No. 2, pp. 119-139。
新宅純二郎，江藤学（2008）『コンセンサス標準戦略—事業活用のすべて—』日本経済新聞出版。
谷川浩也（2004）「日本企業の自主的環境対応のインセンティブ構造」RIETI Discussion Paper Series, 04-J-030。
所伸之（2005）『進化する環境経営』税務経理協会。
堀内行蔵，向井常雄（2006）『実践環境経営論』東洋経済新報社。
M. E. Porter（1991）"America's Green Strategy", *Scientific American*, 264, p. 168.
M. E. Porter and Claas van de Linde（1995）"Toward a New Conception of the Environment Competitiveness relationship", *Journal of Economics Perspectives*, 9（4）, pp. 119-132.
増沢陽子（2007）『鳥取環境大学紀要』Vol. 1, No. 5, pp. 1-15。
松下和夫（2007）『環境政策学のすすめ』丸善。
M. Hamamoto（2006）"Environmental Regulation and the productivity of Japanese Manufacturing Industries", *Resource and Energy Economics*, 28（4）, pp. 299-312.
安室憲一（1994）「地球環境と国際経営」『経営学論集』日本経営学会，No. 64, pp. 3-12。
安室憲一（1999）『地球環境時代の国際経営』白桃書房。

第4章

Adu I. K., Sugiyama H., U. Fisher and K. Hungerbuehler; "Comparison of methods for Assessing Environmental, Health and Safety (EHS) Hazard in Early Phases of Chemical Proces Design", *Proc.saf.Environ. protec.*, 86 (B2), 77–93 (2008).

Hamada Y., Koshijima I., Watanabe K.; "Study on Business life-cycle BCP based on P2M framework", The 16th meeting of International Association of Project and program management,Tokyo University of Agriculture and Technology, 213–223 (2013).

Hirao M., Sugiyama H.; "Integrated Information Infrastructure for Environmentally Conscious Process Design", *J. Comput. Chem. Jpn.*, 3, 79–86 (2003).

Kikuchi Y., Hirao M.; "Hierarchical Activity Model for Risk-Based Decision Making. Integrating Life Cycle and Plant-Specific Risk Assessments", *Journal of Industrial Ecology*, 6, 945–964 (2009).

Kikuchi Y., Hirao M.; "Risk Classification and Identification for Chemicals Management in Process Design", *J. Chem. Eng. Jpn.* 46 (7) 488–500 (2013).

神園麻子，窪田清宏，結城命夫，増田優（2007）「化学物質総合管理に関する企業活動評価（企業別）—2006 年度調査結果—」『化学生物総合管理』Vol.3，No2，pp.95–116。

Kumagai S., Yamada I.; "IDEF0 Methodology for Business Process Modeling,-A Schema of IDEF0 Application in the Context of Business Model", *Journal of the Japan Society for Management Information*, 6, 15–39 (2002).

増田優（2005）「化学物質総合管理を越えた新たな潮流—基盤の整備と人材の教育—」『化学生物総合管理』Vol.1，No3，pp.428–440。

森晃爾，武林亨（2004）「化学物質の自主管理における企業内システムと専門家の関与に関するインタビュー調査」『産業衛生学雑誌』Vol.46，No5，pp.181–187。

仲勇治（2006）『統合学入門—蛸壷型組織からの脱却—』工業調査会。

島田行恭，北島禎二，武田和宏，渕野哲郎，仲勇治（2009）「労働災害防止を目的とした化学プラント安全運転管理業務モデリング—運転管理業務のための参照モデル—」『労働安全衛生研究』Vol.2，No2，pp.91-98。

Shimada Y., Kawabata T., Kikuchi Y., Kitajima T., Kumazaki M., Saito H., Sato Y., Sumida H., Takeda K., Takeda D., Bitou K., Motoyama H., Yamamuro N., Naka Y.; "Visualization of safety management-Proposal of business flow model for the chemical plant safety management", Kagakukougaku technical report, 42（2010）.

Sugiyama H., Hirao M.; "Activity Modeling for Integrating Environmental, Health and Safety（EHS）Consideration as a New Element in Industrial Chemical Process Design", *Journal of Chemical Engineering of Japan*, 41, 884-897（2008）.

第Ⅲ部　第5章

山本秀雄（2009）「不確実な環境下での価値創造プログラムマネジメント」『国際プロジェクト・プログラムマネジメント学会誌』Vol. 4，No. 1，pp. 17-27，October。

鎗目雅（2006）「環境イノベーションの多様性—日本と欧州における塩素・ソーダ産業の比較研究—」『年報 科学・技術・社会』15巻，pp15-42。

シーア・コルボーン著，長尾力訳（1997）『奪われし未来』翔泳社。

製品評価技術基盤機構（2007）「DEHPのリスク管理の現状と今後のあり方」化学物質リスク評価管理研究会。

永里賢治「化学物質の安全性評価とマネジメントに関する一考察」化学生物総合管理学会，第7回学術総会，2010年9月28日，お茶の水女子大学。

永里賢治，田辺孝二（2010）「環境規制の不確実性に対処する企業行動—EUの環境規制REACHと欧州可塑剤メーカーの企業行動—」『国際ビジネス研究』Vol. 2，No. 1，pp. 83-89。

梅田富雄（2009）「サステナブルプロジェクトマネジメント」『国際プロジェクト・プログラムマネジメント学会誌』Vol. 4，No. 1，pp. 147-158，

October。

第6章

藤井敏彦（2012）『競争戦略としてのグローバルルール』東洋経済新報社。
國分俊史，福田峰之，角南篤（2016）『世界市場で勝つルールメイキング戦略』朝日新聞出版。

索　引

【マ行】

【ヤ行】

【ラ行】

著者紹介

永里賢治（ながさと・けんじ）

1964年横浜市生まれ。横浜国立大学工学部応用化学科，横浜国立大学大学院工学研究科（修士課程）を修了し，協和発酵工業株式会社に入社。その後，慶應義塾大学経済学部，東京工業大学大学院イノベーションマネジメント研究科（博士後期課程：単位取得退学），東京農工大学大学院工学府（博士後期課程），一橋大学大学院経営管理研究科イノベーションマネジメント・政策プログラムを修了。横浜国立大学経営学部（非常勤講師）を経て，現在兵庫県立大学国際商経学部准教授。博士（学術）。

環境規制と企業行動

2021年3月15日　第1版第1刷発行　　検印省略

著　者　永　里　賢　治
発行者　前　野　　隆
発行所　株式会社　文　眞　堂
東京都新宿区早稲田鶴巻町533
電　話　03（3202）8480
FAX　03（3203）2638
http://www.bunshin-do.co.jp/
〒162-0041 振替 00120-2-96437

製作・美研プリンティング

定価はカバー裏に表示してあります
ISBN978-4-8309-5121-3　C3034